这是一些语言和心灵的钻石
在时光的沉淀和洗礼中
变得更加璀璨夺目
阅读吧
让它们闪耀在你的精神世界

新课标经典名著

人类的故事

（美）亨德里克·威廉·房龙 著

王 妙 改写

南京大学出版社

图书在版编目(CIP)数据

人类的故事 / (美) 房龙著; 王妙改写. 一南京:
南京大学出版社, 2015.1
(新课标经典名著: 学生版)
ISBN 978-7-305-14161-4

Ⅰ. ①人… Ⅱ. ①房… ②王… Ⅲ. ①人类学-青少年读物 ②世界史-青少年读物 Ⅳ. ①Q98-49 ②K109

中国版本图书馆 CIP 数据核字(2014)第 257659 号

出版发行 南京大学出版社
社　　址 南京市汉口路 22 号　　邮　编 210093
出 版 人 金鑫荣

丛 书 名 新课标经典名著·学生版
书　　名 人类的故事
著　　者 (美)亨德里克·威廉·房龙
改　　写 王　妙
责任编辑 还　星

照　　排 江苏南大印刷厂
印　　刷 北京北方印刷厂
开　　本 880×1230 1/32 印张 9 字数 164 千
版　　次 2015 年 1 月第 1 版　2015 年 1 月第 1 次印刷
ISBN 978-7-305-14161-4
定　　价 18.00 元

网　　址:http://www.njupco.com
官方微博:http://weibo.com/njupco
官方微信号:njupress
销售咨询热线:(025)83594756

目录
CONTENTS

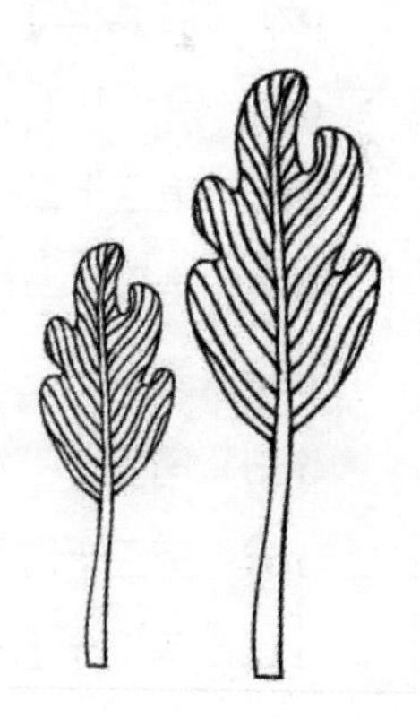

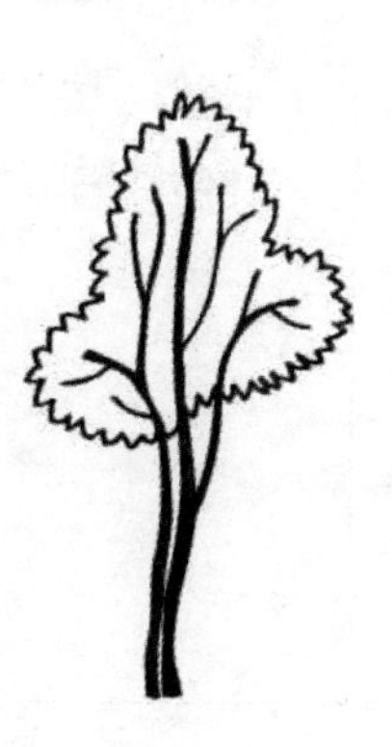

第一章

瞬间与永恒

在很久很久以前，有一个名叫斯维思约德的地方，在它北方的群山中，有一座最高的山。山上有一块巨大的石头，它的高度为 160 千米，宽度为 100 千米。山中荒无人烟，对于山上的一切来说，时间似乎是静止的，一切都是静止的。但是每隔一千年，就会有一只小鸟冲破重重困难，飞到山上来，打破沉静。飞到山上来的小鸟是为了磨自己的喙，只要把喙磨到最尖利的程度，它飞到山下后就能成为最了不起的鸟王。它磨啊磨，终于，那块巨石都被它磨没了。

山上的时间才过了一天。

小鸟欢天喜地飞到山下去，但山下已经过了一亿年。

时间是一切生命的载体，它总是经久不息地流走，从来

没有回来过，也从来都不会断开、流完。上面的这个传说听上去虽荒诞不经，但是却有可能真实存在。

一亿年在时间的长河中不就是个瞬间么?

第二章

人类的诞生

人类自有意识以来，常常为了追溯自己的来源而苦恼不已："我是谁?""我从哪里来?""我将要去哪里?"这些问题像清晨的大雾紧紧地笼罩着人类的大脑。

随着人类智慧的开启，这些大雾渐渐地散开了。

当然了，答案并非就是标准答案。严格来讲，这里永远不会有唯一的标准答案，有的只是无限接近标准答案的答案。我们只能凭借我们现在所知道的来推断我们未知、也永远不可能真正知道的东西。

在这个章节里，我们来谈一谈我们人类的诞生，也就是"我们从哪里来"。

我们常常以为我们人类是世界上最了不起的生物，但是

如果将我们自己放回时间的长河中，我们会发现自己不过是时间长河中的一个片段，或只是其中的几朵浪花。

当然了，不可否认，虽然仅仅只是一个片段、几朵浪花，但是恰恰因为它的存在，时间的长河才生发出灿烂的光影。正因如此，我们才会将本次的研究对象放在我们人类自己身上，而不是阿猫、阿狗身上。

人类，是首先拥有智慧，并且会利用智慧的自然界生物。

现在，我们来说一说人类还没有出现时的情况。那时候，地球只是一个火球，整日在燃烧，就像现在的太阳一样。它的火光刺眼，表面的高温让其寸草不生。但时间是最好的造物者，几千万年过去了，地球的表面终于燃烧成了灰烬，有一层岩石覆盖在表面。虽然地球上的火焰已经熄灭了，但是地球的表面依然炎热异常，再加上源源不断的暴雨冲刷，那一层岩石慢慢溶解，最后碎成了泥土，泥土又被雨水冲进了那些群山中的低洼地带。

也不知道过了多久，终于有一天，地球的热气平息了，灿烂的阳光照在地球的表面上，那些群山的低洼地带发出耀眼的光芒。原来，它们已经在不知不觉中形成了大海。大海起初没有现在这么大，后来变得越来越辽阔，就成了我们今天看到的苍茫的样子。

生命开始在海洋里酝酿。不久之后，神奇的细胞终于破

茧而出，在大海中进化着。这些细胞在大海中飘啊、流啊，许多万年又过去了，这些细胞变得比以前强大多了，它们不再那么娇嫩，能适应一些恶劣的环境。

其中，有些细胞似乎更喜欢黑乎乎的水底，那里堆积着一些从山顶上冲下来的淤泥。它们在那里安下了家。慢慢地，它们进化成了植物。

这些海底的植物越来越多，海底越来越拥挤，到了后来，它们不得不开始另觅他处。最近的选择就是大海岸边的沼泽地或者泥泞地。一开始的时候，这些植物无法适应新的环境，它们对于新的空气、新的土壤感到很不适应，其中有一些得了病，奄奄地死去了。但是还是有一些凭借着顽强的生命力活了下来，海水每天尽最大的努力灌溉着它们，这些植物生长得越来越茂盛，最后长成了灌木和大树。

劫后余生，这些植物感到开心极了，它们脱离了海底，第一次感受到了大地上的温暖与美丽，感受到了大地对它们的善意。为了报答大地，它们开出了鲜艳的花朵，为大地点缀，却没有想到由此吸引来了勤劳的蜜蜂和活泼的小鸟，它们为这些植物散播种子。渐渐地，整个地球不再是从前的颜色，而是披上了一件绿色的大衣，各处各地都开始有芳草与绿树的身影。

有些细胞喜欢黑乎乎的海底而在那里定居下来的同时，有些细胞更喜欢自由，它们四处飘荡。为了更好地游走，它

们长出了腿，让人吃惊的是，这些腿是带有关节的，可以自由伸展，后来，它们就演变成了今天我们所见到的鱼类。

这些鱼类依然是不安分的，它们看到植物爬上了岸，也想知道海以外的世界，于是，它们开始学会用肺和鳃来呼吸，为上岸做好了物质条件的准备。这些鱼类后来演变成了两栖动物，也就是说，它们可以同时在海里和陆地上自如地生活。比如我们所见到的青蛙就是两栖动物。毋庸置疑，两栖动物所拥有的双重快乐是让我们非常羡慕的。

到陆地上生活的动物开始对地面上的生活越来越习惯，也越来越熟悉。它们看到森林里有一些可爱的昆虫，其中，有一些动物想跟这些昆虫做伴，于是就在森林里定居下来，这些动物就变成了爬行动物，我们今天见到的蜥蜴就类似于当时的爬行动物。在森林里生存，需要四肢迅速地爬动，爬行动物的四肢被锻炼得越来越发达，一时之间，森林里出现了很多种不同的爬行动物，其中包括龙，有鱼龙、宝龙和雷龙等。这些龙身高为九米到十二米，体型十分彪悍，跟我们现在的大象比起来，龙就像一艘轮船，而大象则像一叶扁舟。

陆地上的爬行动物越来越多了，渐渐地，地面又跟当初的海底一样，变得有点拥挤。于是，有些爬行动物开始爬上三十多米高的大树生活。站得高，望得远，慢慢地，它们不再想下来，为此，它们不得不学习如何在树枝之间安全地跳跃。练习多了以后，在它们的身体两侧和脚趾之间进化出了像降落伞一样的组织，在肉膜上又长出了羽毛，于是翅膀就这样演变出来，它们的尾巴掌控着翅膀的方向。它们可以在树枝间飞。它们就是我们今天所看到的鸟类。

正当一切都欣欣向荣的时候，突然发生了一件难以置信的事情。那些庞大无比的爬行动物，其中包括龙，忽然一下都灭绝了。没有人知道当时发生了什么事情，我们只能有限地去推测。或许是当时地球的气候发生了巨大的变化，它们首当其冲受到了影响；或许是它们越长越大的身躯使得它们的行动越来越笨拙，只能眼睁睁地看着蕨类植物而吃也吃不到，最后饿死。后来的科学家执著地想要找出背后的原因，但是无论怎样，它们终究是灭绝了。这也意味着，一直充当地球国王的那些庞大的爬行动物再也没有出现过。

很快地，地球便由别的国王来统治了，它们是爬行动物的子孙，但是它们和爬行动物有些区别，或许可以说，它们比爬行动物进化得更好，后来的科学家给了它们一个称呼——“哺育动物”，以此区别于爬行动物。之所以会起这个名字，是因为它们是用乳房来“哺育”后代的。它们身上不像很多的爬行动物那样遍布鳞片，也没有鸟类那样的翅膀，它们的特征是全身都长满了密密麻麻的毛发。

它们的后代越来越多，那是因为它们在生育抚养方面有很大的优势。其中最大的优势是，雌性哺育动物是在体内孕

育下一代，直到它的孩子已经具备一定的身体生存条件，才把它生下来。生下来以后，母亲会长时间地把它留在身边，教它一些生活技能，例如猫会教它的后代洗脸、捉老鼠等，直到后代们能应付外面的危险，母亲们才会把它们放出去。这就大大降低了后代的生存风险，提高了后代的存活率。而其他的动物，比如雌性鸟类，它们只能将卵产在外面，虽然它们也会尽自己最大的努力保护好这些后代，但是在自然界的风雨面前，在其他动物时不时地侵犯面前，这些努力未免苍白了些，它们的后代所需要承担的生存风险非常大。

当然啦，这些哺育动物在我们现在的生活中是随处可见的，你家里的宠物猫、动物园里的小猴子、大街上的小狗都是上面所说的哺育动物。

在哺育动物中，有一种动物表现得比其他的哺育动物要更出色些，它们具备了更加卓越的智慧，懂得更好地觅食与寻找洞穴，能熟练地用前肢去按住猎物。它们的前肢因为长时间的锻炼，逐渐进化成手爪，这些手爪长得很像我们的手掌。更了不起的是，在无数次的尝试、失败与坚持后，这种动物不再用四条腿爬行，而是用两条腿站立，前面的两条腿渐渐地变成了手，它们不如腿强壮，可是比腿更加灵活。在后来演化的岁月中，它们的后代始终都要在一开始的时候学习这一点。

这种动物长得很像猿，也很像猴，但是它不属于这两种

动物，它比它们优秀。慢慢地，这种动物越来越了不起，它们开发出自己更多的潜力，成为地球上最优秀的捕手，面对地球上再恶劣的气候环境，它们也有办法生存下来。它们紧密地团结在一起，用集体的力量共同面对危险。当危险在靠近的时候，它们会用自己的声音警告它们的孩子，在后来几十万年的练习中，这些声音渐渐地成为了它们群体的语言。

说到这里，聪明的读者，你已经猜到了，他们就是我们人类最早的始祖。人类终于结束了那种看天吃饭、听天由命的日子，他们开始学会总结一些经验，学会自己主宰自己的命运。

第三章

我们的始祖

一直以来，我们都很想知道我们是从哪里来的，很想弄明白我们的始祖到底是什么样的。但是很遗憾，作为后代的我们没有一张始祖的相片。我们只能从地球的深层挖出始祖们的残骸碎片，人类学家通过研究这些残骸碎片，尽可能地拼凑出始祖们的面貌。

拼凑出来的始祖们的面貌让我们大吃一惊，因为他们看上去是如此丑陋：他们长得十分矮小，他们的皮肤经过夏天的曝晒和冬天的冷冻，变成泛着光的深棕色；整个身体都长着粗糙的毛发；手指很长，每一个都那么有力；他们有着平平的前额，下巴突出。人类学家们通过对历史的研究，很快就知道我们的始祖是不穿衣服的；另外，人类学家还了解

到，我们的始祖虽然见过火山喷发时跃起的火焰，但是对于火却没有什么认识，不知道它有什么用。

我们的始祖一开始生活在浓密的森林当中（现在非洲有些民族依然跟我们的始祖一样），当他们饥饿的时候，他们会去草地上挖一些草茎或者到大树上摘一些枝叶来吃，但是对于他们的子女，他们希望有更好的伙食提供，所以他们就去偷窃鸟蛋。这常常激怒鸟类，导致一些不愉快的战争发生。慢慢地，我们的始祖开始捕一些小动物来吃，例如松鼠、小兔子和小野狗等，但是因为这个时候我们的始祖还没有认识到火的作用，所以他们只是生吃这些动物，享受不到烹饪的美味。

我们现在会说我们的社会弱肉强食，但是其实从我们的始祖开始，就充满了弱肉强食的残酷。白天，为了生存，我们的始祖们必须到外面寻找食物；到了晚上，是断然不可以放心地歇息的。对于雄性人类来说，他们需要肩负的责任更加重大，当夜幕拉开，他们就要把妻子、儿女藏起来，或者把他们藏在山洞里，或者把他们藏在巨石后面。因为到了晚上，有一些比我们的始祖更加强壮有力的动物会出来觅食，而人类恰恰是他们最喜欢的食物之一。所以对于我们的始祖而言，白天充满了觅食的艰难困苦，而晚上则充满了担惊受怕，日子并不好过。

我们的始祖除了要承受其他动物带来的威胁，还要面临

气候所带来的种种不便和危险。夏天，他们只能苦苦地经受炙烤的折磨，冬天，他们只能默默忍受寒冷的摧残，如果他们的子女挨不过这些自然气候的考验，他们也只能痛苦地看着子女死去而毫无办法。如果他们在捕食的过程中受了伤，那就更加悲哀了，因为他们只能自生自灭，没有人能帮助他们。

我们的始祖在一开始的时候没有语言，他们跟其他的动物一样，只能发出一些奇怪的声音。随着群居生活的普通，他们开始使用一些固定的音节，比如当危险在靠近的时候，他们为了提醒同伴，每次都发出一样的声音，渐渐地，这个声音就变成了我们今天讲的“老虎来了，快跑”或者是“一共来了四头狮子”，等等。那么收到警报的伙伴就会回应他们“我们看到了”或者“是的，赶紧跑吧”。

或许，我们的语言就是这样慢慢地演变而来的。

人类学家还推断出，我们的始祖在一开始的时候，几乎没有可以使用的工具，他们也不会自己搭建房子。但是除此之外，关于始祖，我们知道的就不太多了，因为他们只留下了几片骸骨，以此证明自己曾经存在过。相信随着科学的发展，我们会发现更多始祖的痕迹，谜底终究会解开。

第四章

冰河时代

始祖人类继续进化着，在这个篇章中，我们来聊一聊史前人类。发展到史前这个阶段的人类比前辈高明的地方，是他们学会了自制工具。但是，他们是如何学会自制工具的呢？

那时候的人类依然没有什么时间概念，现在我们都很重视生日、结婚纪念日和一些祭日，在以前，这是完全不可能的，因为那时候的人类对这些日期根本就不了解，他们连日、月、年的时间概念都没有，更不知道这些时间对于他们来说有什么意义。

但是，在自然中生存，慢慢地，人类也认识到了自然界的一些规律，最明显的是感受到了四季的变迁。他们感知

到，一段炎热的时间过去以后会有一段比较凉爽的时间，接下来又将会是一段寒风凛冽的时间。在那段炎热的时间里，他们知道森林里会有很多水果可以采摘，草地上会有一些香甜的玉米；而在凉爽的时间快要结束的时候，会有一阵骤来的强风，大树上的叶子掉落，漫天飞舞，这个时候，他们就知道需要为接下来的寒冷储备食物了。

很多很多年都是这样的情况，我们的史前人类形成了定性思维，认为世界将永远都是这样的，永远都不会变。直到有一天，他们感觉到了某些不寻常，首先他们发现炎热的时间段很久都没有来，水果与玉米都无从寻觅，食物一下少了很多。他们等啊等，等来的不是炎热，也不是凉爽，而是一场突然的大雪，这场史无前例的大雪把山顶都覆盖住了。

让史前人类更加吃惊的是，有一天，突然从山顶上跑下来一大群野人，他们凶神恶煞、瘦骨嶙峋、眼透绿光，他们的目光四处搜寻，一旦看到食物，就疯狂地奔过去，掠夺过来。本来山底下可以提供给人类的食物就很少，野人的抢夺让人类感觉到深深的恐惧，一场无可避免的战争打响了，或许是因为已经没有退路，史前人类置之死地而后生，硬是把野人打退了，野人狼狈地逃回山上，不久后，就冻死在暴风雪中。

这两次连续的突变让森林里的人类们有了一种不祥的预

感。果然，不寻常的事情继续发生：白天变得越来越短，黑夜越来越长，风雪似乎是停不下来了，天气越来越冷。

森林里的植物全死光了。终于，森林里的生灵反应过来，逃生的本能促使他们向南方迁徙，那里有温暖的阳光，我们的史前人类也跟在其他动物的身后，拖儿带女地，争取着一丝生机。但是他们跑得不如其他动物快，转眼就掉在迁徙队伍的最后面了，倒下的人类居民越来越多……

这就是著名的冰河时代。

在冰河时代中，大量的老人和小孩死去，最后幸存下来的史前人类不多，无疑，幸存者是史前人类中最幸运与最优秀的，他们学会并且传承了那个阶段中人类学到的生存技能，这些生存技能具有里程碑的意义。

他们在寒冷的岁月中，学会了披上衣服避寒，衣服是用其他动物的皮做成的。他们为了能在饥饿的年代捕食到食物，学会了设置陷阱——挖一个够深的洞，在上面铺盖一些树叶和枝条，当熊与土狼这样的动物受不住诱惑掉进去的时候，他们就用工具把它们杀死——他们的工具是用粗大的骨头制作而成的。他们生吞活剥动物，但是会小心地把动物的皮剥下来，留着做衣服用。

解决了吃与穿的问题，住的问题也很快就得到了解决。聪明的人类看到很多动物都躲藏在洞里过活，这给了他们很大的启发，他们知道，洞里肯定比洞外要暖和些。所以他们

就将洞里的动物赶了出来，霸占了它们的家园。

在这个时期，人类最伟大的事是发现了火的意义。一直以来，他们对于火到底是怎样产生的并不清楚，他们只知道当雷电疯狂地闪烁的时候，森林里就很容易出现火。那时候的人们非常害怕火，如果被它烧到，就意味着死无葬身之地。但是我们推断后来有一天发生了这样的一件事情：

有一天，一位史前男人在外出狩猎的过程中，突然赶上了电闪雷鸣的天气，他着急地往回跑，但是已经来不及了。森林里不知道什么时候燃起了熊熊大火，在危难中，他冲出了火海，腿上卡着一根还在燃烧着的树枝，他灵机一动，把那根树枝拖回了家里，洞穴一下被那根树枝烘得暖暖的。从此以后，人类发现火也并不是那么可怕，它可以成为人类的朋友。

渐渐地，人们都学会了用火来取暖。有一次，有一只不幸的野鸡碰巧掉到了火堆里，等到它被烤熟并散发出浓浓的香味的时候，才被人们从火堆里挖出来。从此以后，人们就学会了利用火来烹饪食物，告别了茹毛饮血的时代。

除此之外，人类在接下来的几百万年的岁月中，又学会了把石头打磨成锤子和斧头，也学会了用黏土制作成碗和装食物的罐子。他们利用自己的智慧和寒冷、饥饿作斗争，在斗争中，日益壮大着身体、增长着智慧。

在这里发生了有趣的现象：严酷的冰河时代差点把人类

毁灭，但是它反过来又成为了人类最好的老师。如果没有它，愚昧懵懂的人类会更长时间地处在愚昧懵懂中，或许永远都学不会迈出勇敢与尝试的那一步。

塞翁失马，焉知非福?

第五章

象形文字

我们上面所提及的原始人类是生活在欧洲的，他们学会的生存技能越来越多。但是，在南方的一个国家里，其居民的文明程度要比这些欧洲的原始人高许多。

这个国家的名字叫埃及。

在这一章里，我们先暂时告别欧洲的祖先们，让他们居住在自己的洞穴里。我们现在将目光投放到尼罗河边上，那里生活着杰出的埃及人，他们才是人类文明真正的先行者与启蒙者。

埃及人的早期文明卓越得让人简直不敢相信，他们的文明要早于欧洲几千年。他们十分擅长农牧生产，对于灌溉有一套科学的设计。他们的建筑更值得他们骄傲，他们所建造

的神庙成为很多国家效仿的对象，比如希腊，对欧洲后来的教堂也有极大的影响。当欧洲的祖先对于时间还一无所知的时候，他们已经早早地制定出日历，他们的日历经过一点点的修改，一直到现在还在使用。

但是，对于人类历史来说，埃及人最大的贡献是对历史的记载。他们发明了书写术，将他们总结出来的生活经验与生活技能传递给后来的人。或许现代的我们会将读书看报看做是一件非常正常的事情，在潜意识里会认为历来都是如此，但是书写术这项了不起的发明是在近代才出现的，在这之前，人们都没有学会记录生活，生活经验最多只能靠口头传承。我们想象得出，如果没有书写术，人类宝贵的经验就无法传承，人类的文明不知道要滞后多少年。

罗马人到埃及的时间是公元前 1 世纪，很快地，他们就在尼罗河谷发现了很多让人疑惑的小图形，它们看上去像是在讲述国家的历史。但是，罗马人非常排外，他们对于自己国家以外的任何东西都不感兴趣。这让人非常遗憾，所以这些遍布在宫殿、庙宇等房屋墙壁上的、大量莎草纸上的小图形没有被很好地研究，被人晾在一边。而在罗马人去埃及的前几年，埃及人中最后了解这些小图形意思的祭司去世了，当罗马人到来的时候，埃及人不光是失去了自己国家的主权，也失去了破译这些小图形的人才。于是，那些人类珍贵无比的历史文献因为没有人能通晓，就像一堆废物一样存在

着。

转眼间，一千七百年过去了，埃及的小图形依然只是静静地散发着神秘的光芒，无人问津。但是到了 1798 年，一切有了转机。法国有一个将军名叫波拿巴，他带着军队到达了非洲东部，想要进攻英属印度殖民地，不过他在尼罗河范围内就遭受了失败。虽然他的战争失败了，但是他的这次远征却是破译古埃及小图形的开端。

话说在这次战争中，波拿巴有一个手下，是一位年轻的法国军官。这位法国军官对于长时间地看守罗塞达附近的小堡垒感到万分厌倦，他感觉时间在一点点流逝，而他的生命却毫无价值。终于有一天，他丢下了自己看管的小堡垒，去尼罗河三角洲游玩一番。那里已经是一片废墟，值得看的东西只有石头上的小图形。一开始的时候，他也觉得这些无处不在的小图形枯燥乏味，突然，他发现了一块石头，上面刻画着三种文字。其中碰巧有一种是这位军官所认识的希腊文。这位军官兴奋起来，他想到："我把这块石头带回去，将希腊文和埃及文作一下对比，不就可以破解上面的奥秘了吗?"

这块石头就是后来著名的罗塞达碑。

但是这位法国军官的计划实施起来的时候并不是那么顺利，不知道是因为什么，他没有身体力行地去研究石头上的文字。到了 1802 年，有一位名叫商搏良的法国教授得到了这

块罗塞达碑，他开始了真正的研究。他用了二十一年的时间，终于完全破译了上面十四个小图形的含义，但是因为劳累过度，他不久后就去世了。不过幸运的是，他已经将破译的内容保存了下来。于是，埃及的主要书写规律就这样被破解了，古埃及宝贵的历史文献也终于能被人阅读，所以后人对于尼罗河谷的了解要多于对密西西比河的了解。

古埃及的象形文字是人类文明历史上重要的一笔，现在我们尝试着来了解一下这种绝妙的文字体系是如何构成的。

我们知道西部印第安人使用的是表意文字，表意文字比较通俗易懂，它们也是一些小图形，这些小图形简单直接地将事情“画”出来：比如印第安人经常使用小图形来记录他们捕杀了多少头牛，或者有多少个人参加了狩猎行动。

古埃及文字虽然也使用了小图形，但是它们跟印第安人使用的文字不一样的地方在于，它们已经完全超越了这种表意文字的最初阶段，有了更深的发展。它们是一种“表音文字”，也就是说，它们是用小图形来代表口头语言的发音。

后来通过研究我们可以知道，古埃及人发明了这种书写术以后，又花费了数千年的时间完善它。终于，他们可以通过这种文字畅通无阻地表达自我，他们可以利用它写信给亲人，可以用来记录账目，可以用来记载历史，使得他们的子孙都享受到这种书写术所带来的好处。

第六章

尼罗河谷

人类文明的开端是在尼罗河谷。

人生活于这个世上，首要事情是解决温饱问题，所以人类史其实就等于人类的觅食史，人类常常聚集在那些有着充足食物的地方，建立起家园。

尼罗河谷在很早的时候就已经声名在外，吸引了很多不同的人前来：非洲的、亚洲的……人们从不同的地方聚集到尼罗河谷，渐渐地，他们组成了一个新的民族，叫做“雷米人”或者“人类”。世界上最大的城市也在尼罗河谷边上建立起来。尼罗河谷的确是一块福地，它有着得天独厚的自然条件，当夏天到来时，尼罗河谷会被河水淹没，这些河水通过渠道灌溉田地。当河水褪去时，它便给人们留下了厚厚的

肥沃的土层，这对于人类来说无疑是一份非常珍贵的礼物，农民们可以在上面种植庄稼，节省大量的劳动。

所以尼罗河谷上的人们比其他地方的人拥有更多闲暇的时间，当其他地方的人们把所有时间都用来解决温饱问题的时候，埃及人已经在制作一些装饰性的东西，虽然这些东西没有什么用途，但它们的确能愉悦人的身心。

当闲暇的时间越来越多的时候，埃及人不再只是满足于制造一些装饰品，他们开始把目光从眼前转向了别处，一些更大的地方。他们开始思考一些自然现象，比如为什么会有雷声？雷声为什么不是每天都有？夜晚的时候为什么会有星星？它们悬挂在天空中，风那么大，为什么没有被刮下来？尼罗河的水为什么总是那么准时地上涨，又那么准时地褪去？而人类自己到底是什么动物，明知道自己会死去为什么还能这么快乐地活着？

……

埃及人的疑问越来越多，终于有人跳出来回答这些问题，后来人们给了他们一个称号——“祭司”。祭司们常常以“神”的名义，为普罗大众解答问题。他们知识渊博，思想比一般人更加成熟，把一切他们认为宝贵的信息用文字记载下来。他们相信在眼前的世界之外，还存在另外一个世界，那个世界相对来说才是一个永恒的所在，而眼前的这个世界只是一个短暂的过渡。所以，他们认为人不应该只被眼

前的利益迷了双眼，而应该为将来去往另外一个世界做准备。对于死亡，祭司们认为，死亡只是一个假象，那只是躯体的死亡，灵魂是不灭的，当人的躯体枯竭而死的时候，灵魂就会到死神俄赛里斯那里去讲述生平的一切，对自己的功过作一个最客观的汇报，然后等待着死神对他们的审判。在祭司们的宣传下，埃及人慢慢地开始相信另外一个世界，将眼下的世界看得很浅，全心全意等待着去往新世界的日子。一时之间，平时热闹非凡的尼罗河谷也变成了一个死气沉沉的地方。

后来，在埃及人当中又流传一种说法：当人死去的时候，如果肉体腐烂，那么灵魂就无法抵达死神的住所，无法得到超度，永远也去不了那个新世界。所以到了后来，埃及人会想方设法为自己死去的家人保存尸体，使之完好无损。最后他们想到了一种最好的方法：对尸体进行防腐处理。他们将亲人的尸体放在氯化钠溶液中浸泡，几个星期过后，他们用树脂将干瘪的体内填满，因为树脂在波斯语中被叫做“木乃埃”，所以被防腐处理过、填上了树脂的尸体就被叫做“木乃伊”。

后来埃及的木乃伊全球闻名。

古埃及人用一块长长的白布包住尸体，然后将其放进棺材中。他们的棺材也是特制的，同样具有一定的防腐功能，最后棺材会被葬到一个墓穴里去。墓穴设计得很像一个活人的家，里面什么都有：家具、乐器（万一去死神那里排队的人多，就可以用乐器来消磨等待的时光），还有厨子、仆人、面包师以及理发师的雕像。当然，这些雕像都是微型的，如果和真人一样大的话，那墓穴就装不下了。可能会有读者好奇，为什么理发师也要放进去呢？那是因为埃及还是一个很讲文明礼仪的民族，他们断然不希望有不修边幅的情况发生。

一开始的时候，这些墓穴是建在西部山上的岩石间的，但是后来埃及人向北迁徙，所以墓穴后来就在沙漠中兴建起来。很快，新的问题出现了，沙漠中出现的野兽非常多，并且有各种盗贼，墓穴经常遭到损坏，里面的物品不翼而飞。活着的人为此感到十分内疚，不想死人在死后还不得安宁，于是他们就在墓穴上面加盖了一个小石堆。到了后来，富人的小石堆总是要盖得高高的，远远地超出穷人的那些，富人与富人之间也攀比起来，竞争越来越激烈。到了最后，一个叫做胡夫法老的（人们称他为纪奥普斯）墓穴的小石堆最高，达 137.2 米，用 230 万块石块砌成，每块石块重约 2.5 吨。这座金字塔的占地面积大概有 13 英亩，比基督教中最大的圣彼得大教堂要大出两倍。

这些墓穴上的小石堆就是后来闻名天下的金字塔。

在 20 多年的时间里，埃及工人为了修建金字塔，不辞劳苦地从尼罗河的对岸把需要的建筑材料搬过来，用一种至

今我们都无法猜透的方法将它们吊到正确的位置上。金字塔的设计师与建筑师所表现出来的才能直到今天还让人叹为观止。当人们站在这些巧夺天工的建筑面前的时候，都深深地被这些公元前十几世纪的产物震撼。即便是到了科技发达的今天，我们也无法用现在的条件与智慧去建造出像金字塔那样的建筑。古埃及的金字塔密道非常狭窄，四周被几千万吨重的巨石包围着，经历了几千年风雨的洗刷，依然没有丝毫的变形，稳如泰山。

有些现代人说古埃及的金字塔不是人类建造的，而是外星人的杰作。这个说法也从另外一个方面再次印证了金字塔的伟大，但是，对于我自己来说，我是相信金字塔是人类所为。人类的智慧是这样的无穷无尽，任何奇迹都可能创造。

第七章
埃及的兴衰

“水可载舟，亦可覆舟”，这句话用在尼罗河身上也合适，它时而像居民最友好的朋友，尽心尽力地帮助居民；时而又像是居民最仇恨的敌人，想要摧毁一切。在这种情况下，尼罗河畔的居民们要想长久而稳定地生活下去，唯有紧密地团结在一起，同心协力修建水渠或是修缮堤坝。在同心协力当中，人们渐渐建立起一种深厚的信赖与友谊，很自然地，一个城邦就形成了。

在城邦的市民当中，有一个人的才华惹人注目，很快地，他就被推举为这个城邦的领头人。这个城邦从而变得有组织、有秩序。西亚人民嫉妒尼罗河畔的肥沃，对埃及发起了进攻，城邦的首领就带领着河畔的居民拼死抵抗，最后他

们不但把敌人赶了出去，还扩展了领土，从地中海到西部群山这一带疆域都划入了埃及的国土内。

但是对于乡下那些整日耕种的农民来说，国王的这些政绩跟他们的关系并不是很大，他们安守着那一两亩地，只要朝廷不向他们索要更多的赋税，他们就觉得天下太平，谁当国王对于他们来说是一件无关紧要的事情。

但是对于一个国家来说，面对政治局势，是难以做到这么云淡风轻的。而且那些农民也发现，如果国家被侵略，就会有外来人抢夺他们的财产，这个时候，他们就不能不管了。在享受了两千年的太平后，一直享有独立主权的埃及受到了一伙人的入侵，这伙人是希克索斯人的牧民——阿拉伯人，他们野蛮地侵占了埃及，并霸占了埃及整整五百年。当地居民对这些强盗恨之入骨。同样激起居民愤恨的，还有这些强盗的同伙——希伯来人。这些希伯来人充当阿拉伯人的走狗，帮他们向农民收税，对居民实施严酷的刑罚。他们完全忘记了自己悲惨的过往，忘记了自己曾经要在沙漠中长期流浪，是歌珊[①]圣地收留了他们。他们变得毫无同情心。

终于，当地居民忍无可忍了，在公元前 1700 年，底比斯人民起义，他们的军队受到了大家的拥护，经历了艰苦的

---

① 歌珊：《圣经》中的肥沃之地，希伯来人没去过埃及之前生活的地方。

奋战后，阿拉伯人以及它的走狗被赶出了埃及，埃及人民重获自由。

但是过了一千年后，亚述称霸了整个西亚，埃及被萨丹纳帕卢斯帝国侵占，被列入他们国家的版图，再次失去了主权。到了公元前 7 世纪，埃及重获主权。但是不久后，在公元前 525 年，埃及再次失去主权，被波斯国王冈比西斯侵占。在公元前 4 世纪时，著名的亚历山大大帝将波斯霸占，于是埃及就成为了马其顿共和国的一个行省。很快地，亚历山大大帝底下的一个将军自立为王，把埃及变为他独有的国土，定都在亚历山大城，这就是托勒密王朝时代的开端。埃及又独立了。

但是历史的变动还没有结束，埃及的主权一再变更。公元前 89 年，罗马人入侵埃及。埃及的最后一位法老，也是最后一位国王——克娄巴特拉七世用尽一切方法想要保住埃及。她是一位美艳的女王，作为一个弱女子，克娄巴特拉能想到的保护国民最强大的武器就是她的美貌。恺撒大帝闯不过美人关，他接下来的继承者马克·安东尼也步他的后尘。克娄巴特拉为已经非常虚弱的埃及赢得了 22 年的和平。

但是在公元前 30 年的时候，恺撒的侄子屋大维进攻埃及，克娄巴特拉女王想故伎重演，用美色去勾引屋大维，但是屋大维对她恨之入骨，只想夺得她的土地，为自己的姐姐报仇，所以女王的计谋失败了。屋大维很快就摧毁了女王的

军队，包围了亚历山大里亚，克娄巴特拉的保护神安东尼在这个时候自杀，克娄巴特拉再没有东山再起的可能。她被屋大维关进了一个屋子里，屋大维想要在凯旋的庆典上把她作为一个战利品来展示。克娄巴特拉最后绝望地自杀。关于她的自杀，有人说她叫人给自己送去了一条小毒蛇，她让小毒蛇把自己咬死，因为在她看来，中了蛇毒后只会昏昏入睡，不会感觉到死亡的痛苦。

总之，埃及从此就沦为罗马帝国的一个省会。

第八章

苏美尔人

在上几个章节中，我们主要讲述了尼罗河谷的文明以及它的故事。在地球上，流域哺育文明的例子举不胜举。《圣经·旧约》称呼某个地方为“仙境”，而希腊人则将这个地方称为“美索不达米亚”，意思是“两河流域”。美索不达米亚位于黄沙的尽头，是位于两条大河之间的河谷。这两条河流中的一条是幼发拉底河，另外一条是迪克拉特河，她们都来自于亚美尼亚的雪山尽头，传说，那是地球毁灭的时候诺亚方舟停歇的地方。这两条河流经过平原，流过波斯湾，最后流入大海。这两条河流和尼罗河一样，给河流两岸的人民带来了福祉，河流所流经土地的文明发展程度不亚于埃及，是世界第二文明中心。

美索不达米亚的历史充满了战争和血汗，苏美尔人是它的第一批居民，他们发明了一些文字，习惯在泥板上刻字。跟埃及人不一样，他们在文字上彻底放弃了图画，发明了V字形的文字体系，后来人们把他们的文字称为楔形文字。有了楔形文字，美索不达米亚的居民们可以用它来讲述和记载，亚述和巴比伦的故事才会被后世所知。

苏美尔人在建筑方面展示出非凡的天分。他们在去美索不达米亚之前，一直都生活在山顶上，一直都有在山顶上朝拜神灵的习惯。他们到美索不达米亚后，依然保持着这个习惯。但是那里没有山，所以他们就自己堆砌了一些山丘，在上面建造了一些神坛，他们巧妙地利用坡形的山路，修建通往神坛高塔的道路。这个修筑的方法给后代的建筑师很大的启发，后来人们就是用这个建筑方法来连接大型火车站中不同的楼层的。

不久后，苏美尔人被其他的种族吞并，但是到现在，他们修建的高塔依然屹立在美索不达米亚的废墟当中。逃难而来的犹太人把这些高塔叫做“巴别塔”。

苏美尔人到美索不达米亚的时间是公元4世纪，后来阿拉伯沙漠的阿卡得人把他们征服。人们相信阿卡得人是诺亚大子闪的子孙，所以他们有另外一个称呼——闪米特人。这些闪米特人在一千年后，被亚摩利人所征服。亚摩利人的国王就是汉谟拉比，他下令建造了一座金碧辉煌的宫殿，同时

颁布了法典，这使得他的巴比伦王国成为古代王国中法律最完善的国家。

再后来，到达美索不达米亚的是赫梯人，这些人迅速地将河谷地区都占领了，霸占了一些能拿走的东西，对于不能带走的，就毁得一干二净。不久后，赫梯人就被亚述人统治了，亚述人供奉沙漠主神阿舒尔。亚述人建立了一个帝国，这个帝国非常可怕，土地覆盖了整个西亚和埃及，他们将首都设在尼尼微城，大收赋税，各种小种族都苦不堪言。到了公元前 7 世纪，迦勒底人重新建立了巴比伦。迦勒底人的国王是尼布甲尼撒，他是一个比较开明的君主，大力支持科学研究，迦勒底人为后来数学和天文学的发展奠定了重要的基础。

到了公元前 538 年，一支波斯游牧部落侵略了巴比伦，迦勒底人被赶了出去。这支波斯游牧部落统治了巴比伦两百年，后来被亚历山大大帝推翻，这个河谷成为了希腊的一个省。此后，美索不达米亚陆续被罗马人、土耳其人占领，它在不断的战争中逐渐衰落，最后变成了一片荒凉的草原。

第九章
摩西的故事

在这一章里，我们讲述一下犹太人的故事。

这些犹太人是希伯来部落的一部分，在约公元前 20 世纪，他们离开了家乡，经历千辛万苦，到达了巴比伦，想要在一片新土地上建立自己的家园。但是他们很快就遭到了国王军队的驱逐，不得不向西继续行进，最后在埃及的一片无人区安定下来。他们漂泊多年，风餐露宿，总算找到了自己的避难所。

在此后的五百多年里，他们和埃及人共同居住在一起，相处得还算和睦。但是后来希克索斯人侵略了埃及，他们为了保护自己，向希克索斯人献媚，以博取他们的好感。最后，他们总算是保住了自己的家园。但是在无形中，这也孕

育了埃及人对他们的仇恨。所以当埃及人奋起抵抗希克索斯人，在坚持不懈的努力下将希克索斯人打败，把希克索斯人赶出尼罗河谷时，这些犹太人真正的悲惨生活就开始了。埃及人为了出那口怨气，将犹太人贬为奴隶，派他们去修公路和金字塔，日益繁重的工作让犹太人无法忍受，但是在土地的边缘到处都驻扎着埃及的士兵，犹太人想逃跑都很难。

犹太人这种痛苦的生活持续了很多年，直到他们的族里出了一个名叫摩西的年轻人。这个年轻人决意扭转整个局面，解放本族人。他聪明机智，胸有大志。摩西敏锐地意识到，要想让犹太族真正地过上独立而富饶的生活，首先要离开战争的纷扰，并且需要重拾过去的优良传统。犹太人曾经是一个吃苦耐劳的民族，只是在后来与外邦人的相处过程中，他们逐渐学会了奢侈浪费、好逸恶劳。摩西决心改变这一点。

很快地，犹太人在摩西的带领下，艰难而机智地离开了埃及的土地，躲避了埃及人对他们的追捕。他们在人身上获得了自由。摩西带领部落四处流浪，最后来到了西奈山脚下，开始了新的生活。摩西知道，虽然部落现在获得了自由，但是如果不回归到祖先的优良传统中去，不建立起自己的信仰，那么这个部落迟早又会回到曾经的境地中去。在漂泊的过程中，摩西和部落遇到过很多困难，他们有好几次都

差点丧命，但似乎有神在庇护一般，每次他们都能顺利逃脱。由此，摩西深深地感受到神的存在，他认为冥冥之中，有唯一的神在天上看管着他们，这位神就是耶和华。摩西在部落中宣讲他对耶和华的信仰，后来耶和华就成为了这些希伯来人唯一的真神。

犹太人也成了有史以来唯一一个只信奉单一神的民族。

有一天，摩西忽然不见了。传说中，那天他是拿着两块石板离开的。犹太人在营地里找摩西，找了很久也没有看到他的踪迹。傍晚的时候，忽然卷起了一阵大风，一时之间，飞沙走石，人们都睁不开眼睛。过了一会儿，风突然又停住了，天地之间恢复到本来的平静。当人们睁开眼睛的时候，发现摩西不知道什么时候已经出现在他们的面前！他手上的两块石板写满了字，那是耶和华对这些犹太人的十条诫命，通过这十条诫命，耶和华要引导他们过上一种严格的、圣洁的生活。犹太人无人不服。

后来摩西做了一个梦，梦到他们的神耶和华告诉他们要迁徙，说西奈山还不是犹太人最终的归属地。于是摩西带着部落继续迁徙，他们跋涉在沙漠中。天气十分炎热，太阳炙烤着犹太人，摩西教导族人要合理饮食，抵抗炎热。最后犹太人安全走过沙漠，到达了一个肥沃之地，那就是巴勒斯坦。

本来居住在巴勒斯坦的是一小部分克里特人，但是后来

他们遇到了侵略者，被迫迁徙到沿海地区生活。现在居住在这片土地上的是伽南人，他们也属于闪米特族。摩西认为这个美丽富饶的地方是神引导他们来的，这个地方是真正属于犹太人的，所以他带领部落闯了进去，将领土占领，建立自己的国家，并建立了许多座城市，在某座城市中建立了国家的神庙，这就是现在闻名世界的耶路撒冷。耶路撒冷是和平家园的意思。犹太人对这座神庙寄寓了自己美好的意愿，他们希望在这片土地上安居乐业、平安吉祥，真正结束四处流浪、动荡的生活。

当摩西做完这一切的时候，他的年纪已经很大了，他从犹太人领袖的职位上退了下来。当他在临终前快要合起眼睛的时候，回想自己的这一生，他无怨无悔，甚至是骄傲自豪的。犹太人一直把他视为精神偶像：是他带领着犹太人重获自由，也是他带领着犹太人建立起自己独立的国家，更是他，使得精神快被完全腐朽的犹太人找到了信仰的神，从此又成为一个有精神依托、有自律精神的民族。

犹太人世代纪念摩西。

第十章
腓尼基人的贡献

犹太人因为有耶和华的十条诫命，所以他们有相当高的自律精神，逐渐成为一个务实而勤恳的民族。但是他们的邻居腓尼基人却不是这样的。

腓尼基人也属于闪米特部落，他们的祖先居住在地中海沿岸。他们有两座了不起的城市，一个是提尔，一个是西顿。这两座城市了不起的地方在于他们坚固无比，几乎不能被摧毁。通过这两座城市，腓尼基人垄断了西部海洋上的一切贸易，他们的生意越做越大，越做越远，他们的商船在希腊、西班牙和意大利之间频繁地往来。腓尼基人对做生意有一种狂热的渴望，也有一种坚定无比的决心，他们为了能购买到锡金属，可以漂洋过海，越过直布罗陀海峡，去锡利群

岛。他们所到之处，都会建立起一种小规模的商贸中心，这种商贸中心也被叫做“殖民地”。现代城市的一些雏形，例如马赛和加尔斯，就是来自这种殖民地。

腓尼基人认为，在这个世界上最值得去做的事情就是赚钱，最值得信任的东西就是金钱。为了赚钱，他们不择手段，什么生意都会去做，不管这些生意是不是违反法律和道德标准。因此，腓尼基人总是表现出强烈的贪婪性与攻击性，他们的邻居都不喜欢他们，也没有什么人喜欢和他们做朋友。

但是腓尼基人在人类的文明历史上却也留下了重要一笔，他们也为人类的文明史作出了非常杰出的贡献，那就是他们发明了字母。

说来也算是无心插柳柳成荫。腓尼基人虽然不是诚实的民族，但是他们也十分聪明。在很早的时候，他们就学会了苏美尔人的书写术，只是对信奉“效率就是生命”的商人来说，这种写一个字需要花费差不多一个小时的书写术实在是太浪费生命了，是对生命的极不尊重。所以他们干脆发明了自己的文字。他们从埃及人那里借鉴了一些小图形，接着对苏美尔人的楔形文字进行改造，让它们变得更加简单，最后把几千万种的图形精简到了二十二个字母。

后来，这二十二个字母被传到了希腊国家，学以致用的希腊人在这个基础上又加上了自己的几个字母。这种经

过改造的书写术又被传到了意大利，意大利人也同样对它进行了改造，传授给西欧的文盲。那些文盲就是我们的祖先大人。

所以今天我们能用字母高效率地书写，真正要感谢的人并不应该只是埃及人、苏美尔人或者是意大利人，而应该还有腓尼基人。

第十一章
印欧人

我们简单介绍下印欧人。

尼罗河谷孕育了高级的人类文明历史，它的富足与慷慨吸引了一批批外来客。与此同时，它的政权也一再更迭，先后经历了埃及、巴比伦、亚述和腓尼基等朝代。印欧人到那里的时候，部落的实力已经十分弱小了，所以印欧人轻而易举就把政权夺了过来。后来印欧人还统治了欧洲，直到现在，他们依然统治着英属印度。

印欧人是白色人种，但是他们却和其他的白种人使用不一样的语言，他们语言的影响非常大，除了匈牙利语、西班牙北方的巴斯克方言和芬兰语外，其他的欧洲语种的全部语言基础都是印欧人的语言。

在很长的一段时间里，印欧人都是居住在里海的沿岸地区，后来，他们离开家乡，去寻找新的居住地。在寻找新居所的过程中，印欧人分成了两大拨，一拨迁徙到中亚的山区地带，在群山中生活了几百年，这拨人，也就是后来被我们熟知的雅利安人。另外一拨人则继续向西方行进，后来抵达了欧洲大陆，这拨人发生了非常多的故事，我们会在后面讲到。

我们继续关注着第一拨印欧人，这波印欧人在后来再次离开了家园，有一个名叫琐罗亚斯德的人成为了他们的领袖。他带着他们沿着河流，一直向大海走去。但是有些印欧人却不想离开原来的家园，这部分印欧人留在了西亚山区，他们建立了国家，国家具有半独立性质，主要由米堤亚人和波斯人组成。

在公元前 7 世纪，米堤亚人建立了真正属于他们的国家——米堤亚，但不久后就被居鲁士消灭了。

而波斯人想继续扩充自己的领土，开始了西征，但是在西征的过程中碰上了强劲的对手。对手也是印欧人，他们阻止了波斯人的西征。希腊半岛和爱琴诸岛的移民就是由这些印欧人组成的。

在波斯和希腊之间，发生了许多战争，波斯的两个国王都曾经带领部队激烈地进攻希腊半岛，想要通过占领希腊半岛，把根深深地扎在欧洲的土地上，但是未能如愿。因为希

腊的军队是十分杰出的，特别是他们的海军，更是战无不胜。波斯军队不得不后退。

从此以后，东西方都处在一个对决的状态。在后面，我们还会多次提及这方面的故事。

第十二章

沉睡的珍珠

时间是一粒粒的细沙，将历史一点点地掩盖住，直到历史被铺上了厚厚的一层泥沙，深深地掩藏在地下，以为自己再也没有重见天日的时候。但是，总会有一双奇异的手，在不经意间，将那些厚厚的泥沙抹去，那些曾经辉煌过的将会再次散发出光芒。

有一个名叫海因里希·谢里曼的人就凭借着上帝的力量，拥有着一双奇异的手。

海因里希·谢里曼是德国人，出生在一个名叫梅克伦堡的小山村。他的父亲是一名贫穷的山村牧师。当他还是一个很小的孩子时，他就喜欢听他的父亲给他讲故事，其中，他最喜欢特洛伊的传奇故事。他发誓自己长大以后要去寻找特洛伊。这个梦想就像一颗种子一样在他的心中发芽，他丝毫不理会自己贫苦的出身，也不去想这件事情实施起来会有什么困难，他只知道，这件事情在等着他去做。

海因里希·谢里曼被这个伟大的理想鼓舞着。他的头脑还算清醒，他知道要完成这个梦想，要有钱；没有钱，就没有路费与工具去希腊挖掘。所以他长大以后，就去赚了一大笔钱，然后利用这笔钱很快就组建起了一支探险队。

这支探险队马上就朝着小亚细亚的西北方向出发了，因为海因里希·谢里曼相信特洛伊就在那里。经历了一些困难，这支探险队到达了小亚细亚。海因里希·谢里曼发现在小亚细亚的一个角落上有一座很突出的小山坡，上面是一大片麦田，传说那里就是特洛伊国王普利阿莫斯的宫殿旧址。海因里希·谢里曼十分兴奋，他的心都激动得要炸开了，没有经过任何勘察，他马上就带领队伍对这个小山坡进行挖掘。后来他才知道，他挖错了地方，那里根本就不是特洛伊的遗址。看来头脑发热会让人做错事情，只是对于海因里希·谢里曼或者整个人类历史而言，他做错的这件事情意义非同凡响。

海因里希·谢里曼挖掘的地方处在真正特洛伊遗址的最深处，中间隔得很远。那一片地方，人们通常认为没有什么值得挖掘的，因为那里曾经居住的人只不过是一群原始人群。但是海因里希·谢里曼挖掘出来的结果却让人们大吃一

惊。他在不经意间，挖掘出了大量十分精美的小雕像、闪闪发光的珠宝，还有美丽贵重的花瓶（这些花瓶，希腊人连见都没见过）。海因里希·谢里曼这一次挖掘的收获并没有比挖掘出特洛伊遗址要少多少。他通过这次挖掘，大胆地推测在特洛伊发生战争的前一千年，这个地方就生活着一个不被现在的人所知的神秘民族部落。从挖掘出来的古物来看，这个民族部落的文明高度发达，只是后来这个民族部落可能遭遇了外来野蛮人的侵犯，全部被消灭了，连同他们曾经存在过的证据也一直被掩埋在地下。而那些外来的野蛮人，极有可能就是希腊人。

海因里希·谢里曼的这个推断后来得到了证实。

接下来，海因里希·谢里曼又在一次意外中发现了迈锡尼的遗址，这个遗址证明了希腊在青铜时代晚期的文明程度。后来，他又在一个圆形石板的下面挖掘出一个宝藏库，这个宝藏库在当时震惊了世人。后来经过考究，这个宝藏库的主人就是之前那个神秘的民族部落。人们惊奇地发现，那个民族部落的人曾经修建了坚固的城墙，他们使用了非常巨大的石材，这些石材的巨大程度让人叹为观止，人们形容“只有在希腊神话中的巨人们才能搬得动”。但是事实上，那些城墙的确只是一些普通的水手和商人所为，这些水手和商人来自克里特岛和爱琴海海域的一些小岛，爱琴海在这些岛民的努力下，逐渐成为一个商业中心，十分繁荣。在贸易的

驱动下，东方的文明传到了欧洲。

那个神秘民族部落建立的帝国只存在了一千多年，但是在一千多年里，他们所创造出来的文明却是十分惊人的。他们的主要城市在克里特北部的海岸，名叫克诺索斯。说出来都叫人不敢相信，这个城市里的居民生活条件和质量完全达到了现代人的水准。他们的宫殿有非常系统的排水设备，有蜿蜒的楼梯，还有宽阔而辉煌的宴会厅；宫殿的地下室修建了巨型的地窖，地窖里装满了葡萄酒、橄榄油和粮食。地下室就像一个巨大的迷宫，结构十分复杂，走在里面如果没有地图和向导，很可能就迷路了，很久都走不出来。而宫殿外的居民们也拥有自己的炉灶，他们洗澡的时候用浴缸……

这个高度文明的帝国为什么会在后来灭亡，到现在还是一个谜。

第十三章

古希腊人

曾经辉煌一时的古埃及日渐衰败，巴比伦的国王汉谟拉比也已经去世几百年。一支外来的队伍向着南方靠近，他们是多瑙河畔的居民，想要南下找寻新的家园。他们说自己是迪夫卡利安和皮拉所生的儿子赫楞的后代子孙，所以被人们叫做赫楞人。在希腊神话中，地球上曾经发生过一场史无前例的洪灾，那是奥林匹斯山上的宙斯对人类的惩罚，因为人类胆敢蔑视他。迪夫卡利安和皮拉是在洪灾中唯一幸存下来的两个人，所以赫楞人为自己的出身感到非常自豪。

但是历史学家们通过对史料的分析，最后得出的结论让我们非常失望：令宙斯网开一面的人的后代让人不敢恭维。

这些赫楞人行为举止十分没有教养，缺乏同情心，性情残暴，他们会把他们的敌人丢去喂野狗、野狼。他们非常贪婪，侵略希腊半岛，将岛上本来的居民驱逐、杀戮，霸占他们的领土，把年轻的女人和小孩变成他们的奴隶。

这些赫楞比人成为了希腊居民。

他们一分钟也没有停止向外觊觎，他们想要去侵犯爱琴海人，但是爱琴海人修建了坚固的城堡，并且爱琴海人手里有金属的兵器，而他们只有快生锈的笨重的石斧。因此，他们才不敢越雷池半步。于是在后来的几个世纪中，他们都只能在群山中无聊地流浪，一直流浪到再也找不到新的空地。

但是这些新的希腊人没有忘记过自己的贪念，在等待了很长时间后，他们再也忍不住了，于是走进了爱琴海人的领土。接着，他们发现这些爱琴海人可以教会他们很多东西。这帮爱琴海人很聪明，马上就学会了怎么制造金属武器，并且学会了航海的技术，于是他们就开始制造新的武器、建造航船。

爱琴海人成为了希腊人的师父，但是希腊人并没有知恩图报，而是狼心狗肺地把他们的师父赶回了本来的小岛上去。有了新的武器和航船，希腊人马上就对海上的疆土进行侵犯，不用多久，就把爱琴海几乎所有的城市都侵占了。大概过了一千年以后，也就是公元前 15 世纪，这些

赫楞人统治了希腊地区、爱琴海区域和小亚细亚沿岸的土地。

到了公元前 11 世纪，古老文明中的最后一个商贸中心——特洛伊最终遭到了毁灭。而从这个时候开始，欧洲的文化历史才算是真正展开。

第十四章

古希腊人的生活方式

现代人对于事物的追求，经常是追求事物的数量，而不是质量。在比较的时候，我们也习惯了比较看谁获得的更多、收益的更大。现代人很喜欢“大”，“大”有时候成为了评价事物的唯一标准，我们会以我们是世界上第一“大”国的子民为傲；我们的超市如果是世界上最“大”的，我们会很开心；我们会渴望我们的国家能拥有最“大”的海军；我们盼望着到了丰收季节，收获到的土豆和橙子都是最“大”的；甚至，我们希望当我们死去的时候，能被埋葬在世界上最“大”的坟墓中。

作为现代人的我们，陷入了“大”的圈套中，凡事想要最大，而不去想事物到底要多大才是真正适合自己的。

如果有一个古希腊人能一直活到今天，或者穿越时间来到现代社会，他会对我们眼下的时代感到大为不解。因为，在他们那个时候，他们讲求的法则不是我们这种，他们遵守的是“中庸之道”。所谓中庸之道，就是凡事凡物，但求适中，不要最好的，也不要最大的。这套生活哲学一直都贯彻在希腊人的生活当中，而不是只作为嘴上的泛泛而谈。他们写出来的著作，不会太薄也不会太厚；建造出来的神庙，一般都是小巧玲珑的；他们的服装，无论是男人的还是女人的，都很适度；他们的戏剧，也严格遵守着这样的原则，不浮夸，始终都在一个中庸的框架里。

如果有一个人跳出来，说他用一条腿站立的时间是世界上最长的，放在当今的时代，或许这个人会被要求证明这个事实，一旦真的如他所说，那么这个人会被当做一个很了不起的人。但是放在古希腊时代，这个人只会被民众殴打，因为他所擅长的这件事情毫无意义，因为这件事情一只鹅能比他做得更好。

你可以说这样的中庸之道没有什么个性，但是，它会强调意义、强调实质，强调适度、强调平和。这样的生活态度或许能给人更大的安全感与平常心。

或许很多人会好奇，为什么古希腊人能拥有这样的生活态度。我想说的是，任何的生活态度都脱离不了当时的环境、国家的结构、城市的大小、人们居住场所的特点。

追本溯源，现在让我们一起来看看当时希腊人的生活状况。

美索不达米亚人和埃及人都是被一个国王统治的。对于这个国王，国家里大部分的子民一辈子都见不着，他是如此神秘，也是如此至高无上。但是希腊子民和他们不一样。希腊人居住在一个个很小的“城邦”之中，最大的“城邦”或许都比不上一个小乡村那么大，但是这些“城邦”就是一个个名副其实的小国家。如果一个乌尔的农民说他是巴比伦的子民，那么在他的国家里，像他这样向国王进贡的子民有几百万，他只是茫茫大海中的一粟；但是希腊人不一样，当他说他来自雅典或者底比斯的时候，他说的就是自己的故乡，也是他自己的国家，他们国家的统治者就是他们自己，他们的意愿就是国家的意愿。简单来说，他们的政治十分民主。

希腊人是幸福的，故乡就是自己的祖国，他们童年嬉戏过的地方就包括雅典的禁地。在成长的过程中，他们和故乡的每一个同龄人都打过交道，和他们当中的许多人结成好朋友。当他到了中年的时候，他父母埋葬的地方就在他的脚下，当他想念他们的时候，走走就到了父母的坟墓。在城墙里面，住着他的妻子和儿女，也住着他的朋友。他一生活动的范围就是那四五英亩的土地，这四五英亩的土地给他提供了生活里所有的设施，他的生活十分便

利。那里是他真正的根。

所以在这种生活环境中成长，希腊人的行为和思想肯定会和别人的不一样。其他国家的子民有时候感觉不到自己对于这个国家的意义，因为国家是这样高尚而庞大，而自己是如此渺小；但是希腊人却能时刻感觉到自己的存在，感觉到自己对于祖国的意义，因为他们当中的每一个个体都有尊严，缺一不可；还因为他们生活场所的狭小，使得他们的每个举动都在熟悉人的眼皮底下，如果在写诗、作曲或者是雕像的时候，他们胡乱弄一通，那么必然会遭到同胞们的嘲笑，舆论使得他们对每件事情都能认真对待，并且采取适度的原则，做什么事情都不会过分。所以希腊人在艺术创作方面要比其他民族有更高的成就，除此之外，他们在政治领域也开创了新的架构。他们能在弹丸之地创造出无数的奇迹，这都是跟他们从小生活的环境分不开的。

不过希腊人的这种生活模式在后来遭到了毁灭。公元前 4 世纪，亚历山大大帝统治了所有的地域，他想让希腊的精华文化贯彻到他所有的领土上去，想在他所有的领土内照搬希腊的这一套。但是他的愿望落空了。希腊的这种生活模式在很多地方都水土不服，完全失去它的灵魂。而希腊本身的这种生活态度也渐渐地分崩离析，他们脱离了本来的中庸之道，不再为自己的城邦感到骄傲，也不再像

从前那样诚恳而认真，创作出来的艺术品也不再是从前一流的水平。

就这样，当古希腊成为泱泱大国的一滴水珠时，它的精神与灵魂也永远地丢失了。

第十五章
古希腊政治

在这个章节里，我们专门来讲一讲古希腊的政治。古希腊是首先尝试自治的国家，它在政治上的许多创举是引人注目的。

在一开始的时候，希腊是一个没有任何贫富差异的国家，每个人所拥有牛与羊的数目都是一样的，田地的大小也是一样的。因为公平，所以他们即便居住在破旧的房子里，依然过得快乐、满足与惬意。一旦他们当中出现了人事纠纷，他们只需要找个邻居，就能帮他们公平而合理地解决。如果发生了某些跟所有人都有关系的事情，那么他们就会聚集到集市里，推选出一位有威望的老者来组织商讨，这位老者必须要保证每个到场的公民都有机会发表自己的看法。最后大家会投票决定采取谁的意见。一旦发生了战争，这些古希腊人就会选出一位有魄力的人来担任总将军，让他带领着子民们去抵抗；当战争平息、敌人败退的时候，这个总将军就功德圆满，功成身退，他的权力就会被大家收回去，他重新变为最普通的一员。

但是，渐渐地，本来的财富均等被打破了，城邦里出现了贫富差异，有些人或许因为运气不好死了几头羊，有些人因为不守诚信而多敛了财，人们也不再那么勤劳，有些人变得很懒惰，这更加剧了贫富差异的扩大。后来，城邦里就出现了小部分的富人、大部分的穷人。那些富人拥有更多的牛羊和土地。一旦发生跟所有人有关系的事情时，组织人们进行商讨的不再是老者，而是那些富裕的人；甚至发生战争的时候，总将军的人选，也倾向于那些富起来的人。这些富裕的人后来就变成了贵族。

到了后来，贵族们享受到更多的特权，之前每个人在政治上的平等被打破。这些贵族有多余的钱从地中海的集市购买最先进的武器，也有闲暇的时间来训练军队。他们把自己的房子建得固若金汤，然后用钱雇佣士兵。在贵族之间经常发生战斗，他们都想成为统治这座城市的唯一人选。胜利的一方就自称为王，把所有的人踩在脚下。但是好景不长，又

会出现挑战他的贵族，如果他输了，则败者为寇。

尽管在这些统治城邦的贵族中也出现过一些有才能的人，但是因为政治长时间动乱不安，国家的实力一天不如一天，人们呼吁改革的声音越来越高。于是，世界上第一个民主政府应运而生。

雅典人力图改革发生在公元前 7 世纪，那次改革自上而下，意图让政治从本质上回到民主政治的时代。雅典人的决心非常大，他们聘请了一个叫做德拉古的律师来主持这场变革。德拉古制定了一部法律，这部法律的核心灵魂是要保护穷人，让他们免去再受到富人欺负的风险。德古拉的初衷是好的，但是因为他一直都担任律师，对穷人的生活缺乏必要的体会与了解，所以他在制定法律的过程中，有许多不能实现之处。他认为，法律具有至高无上的尊严与权力，任何人都不能凌驾在法律之上；并且他认为，对人最大的束缚应该是法律，法律必须要拥有强制的力量，所以他在制定法律的时候，达到了严苛的程度，严苛到某个人偷了一个小苹果，都要被判死罪。当他的这部法律颁布的时候，遭到了雅典人的一致抵触，因为如果执行这部法律，很多人都要被绳之以法，那么，哪怕用尽雅典人的绳子都不够。

没有办法，雅典人只有辞退了德拉古，另外寻觅合适的人选。这次，他们综合考察，最终选中了梭伦。梭伦是一个具有慈悲心肠的人，他虽然出身贵族，但是对穷人怀有很大的同情心，他认为人生下来都是一样的。并且，梭伦具有周游世界的经历，他对于很多国家的政治体制都有比较深入的研究。这一切都让雅典人对他满怀信心。事实上，梭伦也没有辜负雅典人对他的期望，经过长时间的考察、钻研，梭伦出台了一套严明而又有人情味的法律，这部法律充满了古希腊的中庸精神。在这部法律中，梭伦一碗水端平，没有刻意地去扼杀贵族的利益，而是把贵族放在和平民平等的位置上，他没有否认贵族为国家所作出的贡献，特别是在军事方面。他保障了贵族的权益，也改善了农民的生活。其中，这部法律最出色的地方在于，为了防止作为贵族的法官不公平判决，它规定，如果在法律案件中，有某一方不服法官的判决，那么他可以向陪审团提出控诉。陪审团由随机挑选的十三名雅典人组成，这十三个雅典人会在审判之前受到专业的培训。

这样一来，每个雅典人都有机会参与到法律与政治当中去，这大大鼓舞了他们关心国事的热情，让他们深刻地感受到自己是这个国家的一员。如果抽到他们去做陪审团，他们不可以说："哎呀，今天我要喂牛，没有时间。"他们也不能说："今天太阳太晒了，我不想去。"法律规定了他们有这样

的义务。义务和权利是一体的。民众必须要按时参加相关的政治会议。这部法律在很大程度上改变了过去那种政治完全由贵族把持的局面。但是它依然没有达到预期的效果，因为在开政治会议的时候，很多人会为了不同阵营的利益而争吵起来，有时候很难达成共识。

但是无论如何，希腊市民还是获得了较多的政治自由与权利。这在人类历史上是值得纪念的事件。

第十六章
古希腊生活

看了上一章古希腊的政治，读者可能会产生一丝疑惑，那就是古希腊人要经常参加国家会议或参与时政的讨论，那他们如何还有时间来打点自己的家事呢？那么，在这一章里，我们将讲述希腊人的生活，为读者们解开心中的疑惑。

首先，我们要清楚，在上一章里我们所讲的古希腊人的政治民主，只是对于希腊城邦的自由市民而言的。在希腊城邦中，除了自由市民，还有奴隶；除此之外，还有外国人。在这三个群体中，奴隶占了总人口的大部分，自由市民只是少部分；外国人的数量几乎可以忽略不算。

希腊人对于公民身份很看重。如果一个外国人，即使他有非凡的才能或者富裕的家庭，想要成为希腊人，也几乎是

不可能的事情。除非希腊处在一个非常时期，国家需要士兵，而士兵紧缺。希腊人把所有的外国人都看做“野人”，很少会把希腊公民的资格赋予他们。希腊人的公民身份都是与生俱来的，当他出生在一个雅典家庭，双亲都是雅典人的时候，他就烙上了雅典人的印记，拥有了雅典人所有的权利。

统治希腊的人，有时候是国王，有时候是僭主，有时候也会是自由市民，最高领导权就在这三类人之间流转。在维持日常生活方面，奴隶的作用是关键的。换一句话来说，如果少了奴隶，整一个国家都会陷入瘫痪，国王、僭主和自由市民将无法管理国家。在希腊，奴隶与公民的比例是六比一。奴隶几乎包揽了这个国家大部分的职务。现在，商人和工人所要完成的工作，在那时候都是由奴隶来完成，他们担任着很多职位，比如厨师、裁缝、教师、会计、木匠、金匠等等。他们被公民们雇佣，当公民们要去参加国家会议或者要去大剧场听歌剧的时候，他们就负责照看公民家中的一切。

打个比方，那时候的雅典就类似于现在的一个俱乐部，只是这个俱乐部属于大型的，所有的公民都是这个俱乐部的终身会员，那些奴隶是专门为这些会员服务的，终身如此。但是和其他国家的奴隶不同，希腊的奴隶极少有怨言，能为会员们服务，他们也感到很满足，因为这意味着他们是属于

这个俱乐部的。

有读者看到这里，或许会觉得很不可思议，甚至会对奴隶们有“怒其不争”的情绪，如果你觉得希腊的奴隶跟《汤姆叔叔的小屋》里的黑人奴隶一样，命运悲惨，那你就错了。虽然，的确有些希腊的奴隶会在田间艰苦劳作，过着朝不保夕的生活，但是，即便是希腊的公民，如果命运不济，也有可能在别人的牧场里为别人打工，而一些运气好一点的奴隶，也完全有可能比公民更加富裕，过着一种幸福的生活。古希腊人对奴隶的态度是区别于后来的罗马人的，希腊人不会把奴隶当成是机器，随意糟蹋与摧残，而是把他们当成是有生命的个体，他们对奴隶有着比较客观的认识，他们清楚地明白，如果这个城邦里没有了这些奴隶，那么一切都会失去原有的秩序，奴隶是这个城邦里必要的社会结构。

奴隶分担了大部分的职务，此外，那些自由公民对于自己的生活采用之前我们所提及的中庸之道，让现代人烦恼无比的家务活给希腊人造成的困扰是少之又少的，因为他们对生活的要求保持在最简单的状态。现在我们先来看一看他们的住房。他们的住房十分简陋，即便是个富人，也只是垒了四面墙，头顶上加盖一个屋顶，连窗都不会开一扇。他们家里的厨房、卧室和客厅围绕着一个庭院连在一起。在他们的院子里，也跟现在一样，种上一些植物，这些植物全部都是土生土长的、非常普通的植物，有些也会在院子里建造一个

小喷泉。天气晴朗的时候，希腊人就会在他们的院子里休息、运动。

希腊人习惯全家一起用餐，但是他们餐桌上的食物在今天看来实在是太寒碜了。这并不是因为希腊人吃不起，而是他们对食物同样采取简约的态度，“民以食为天”这种话对于希腊人来说是鬼话，不值得信奉。他们会把吃饭看做一项任务，毫无乐趣可言，并且他们认为吃饭只是满足了一个人正常的生理需求，对长寿却是毫无益处的。希腊人很喜欢葡萄酒，不喜欢白开水，不到万不得已，他们是不会喝白开水的，他们认为这些白开水对身体是有害的，并且他们认为水只适合用来游泳和航行。他们爱喝酒，但是永远不会酗酒。当然啦，作为一个信奉中庸之道的民族，酗酒这种不节制的行为是被他们所不齿的。他们也喜欢在吃饭的时候拿着酒到隔壁邻居家串串门，当邻居看到有客人来的时候，不会专门又去加多几个菜，他们对吃饭时候的铺张浪费感到十分不满，他们在吃饭的时候聚在一起，只是为了可以谈一谈宙斯的神权，谈一谈最近城邦发生的大事。

除了吃饭，希腊人在穿着方面也是十分简朴的。女人天生都爱打扮，但是古希腊的女人如果已婚，她们是不适宜经常在外面走动的，要不然别人就会议论她们不守妇道。虽然她们的丈夫也喜欢看她们佩戴一些装饰品，但是也不喜欢她们浮夸。并且，丈夫们从来不会在外面炫耀自己妻子的漂亮。基于此，希腊的女人们在穿着方面也没有花什么心思。但是希腊人对自己的外表也是十分看重的，他们要求自己在外人看来，务必要干净、整洁。女人的发型要保持得整整齐齐，男人的胡须也要被剃得干干净净。他们穿着干净，经常穿一袭白袍，看上去风度翩翩、纯洁优雅。

在古希腊人看来，人所有的身外之物：房屋、衣服、食物、板凳、马车……都只会让人分心，如果人过分在意这些外在的物件，就会被它们绑架，人的心思就会集中到这些东西上面，就会担心房屋是不是够漂亮、衣服是不是够多件、食物是不是够美味……人就容易掉进患得患失的情绪中去，会为了追求这些身外之物而活得劳累、沉重。这样一来，人就逐渐失去了自由。在希腊人的眼里，不被任何东西束缚，享受身心的自由，才是最有意义的事情。

所以他们会将生活的要求降到最低。

第十七章

古希腊戏剧

古希腊戏剧对于全人类的艺术创作活动来说影响深远。现代社会里，人们依然喜欢到影剧院去看戏剧，如果城市里出现了一部新的戏剧，就会引起人们极大的兴趣，人们会在街头巷尾讨论这部剧中的人物和内容。

那么，古希腊戏剧是怎样出现的呢？

在很早的时候，古希腊的人们就喜欢上了诗歌。那时候，诗歌的题材大多关于希腊人的祖先皮拉斯基人，诗歌的目的是歌颂祖先打败特洛伊的丰功伟绩。人们经常聚在一起朗诵这些诗歌，朗诵者与听众都深深地沉浸在诗歌的情感中。可以说，在古希腊历史的初期，诗歌朗诵是最受人们欢迎的艺术活动。而戏剧在这个时候还没有兴起。

古希腊戏剧的兴起，要从希腊人的游行说起，这很具有戏剧性。

那时候，希腊人三天两头就游行，目的是向酒神狄俄尼索斯致敬。在前面的《古希腊生活》中，我们已经提到，希腊人特别喜欢喝酒，就像孩子都特别喜欢喝汽水一样。他们认为酒是上天对人类慷慨的恩赐，所以他们对酒神狄俄尼索斯特别崇敬，于是就举行盛大的仪式来纪念他。人们传说酒神的居住地是在葡萄园，在他的身边，围绕着一群欢天喜地的“萨梯”。读者们可能第一次听说“萨梯”这个词语，在传说中，它是指一种半人半羊的动物，我们可以把它理解为“羊人”。所以人们在举行纪念酒神的盛大仪式时，会有很多人模仿那些羊人，发出“咩咩咩”的叫声。在希腊语中，山羊是“tragos”，歌唱家是“oidos”，那么，很自然地，那些模仿羊人叫声的歌手就是“tragos－oidos”。我们现在说的悲剧——“tragedy”，就是从这个词语演变而来的，这个词语在现代是指以悲剧收尾的戏剧。如果是以喜剧收尾的戏剧，则是“comedy”，叫喜剧。

所以戏剧的雏形就是这种装羊咩咩叫的仪式，它咋咋呼呼的。在后来，它有了演变，才变成哈姆雷特这种高雅、内涵深刻的形式。现在，让我们来看一下它是如何演变的。

一开始，人们被这种咩咩叫的和声所吸引，又唱又跳的场面看起来十分有趣。但是，不久后，人们就对这种形式感

到厌倦了，因为每次都是咩咩叫，每次都是又唱又跳，这样单调的重复哪怕是天上的节目都会让普通人受不了，更何况是追求多样性的希腊人。所以很快地，在希腊人中间，就出现了一个变革者，他来自阿替卡的伊卡里亚村，名字不详，是一名青年诗人。有一次在围观咩咩叫的仪式时，青年诗人受不了了，于是他大喊一声“停”。所有人都愣住了，他突然跑到合唱团的前面，指定一位成员，让他走到队伍的最前列和吹潘笛的乐手表演一段对话（对话的内容由青年诗人当场创作出来，或许这些内容已经在他的肚子里翻滚一千次了）。第一次的表演并没有很成功，但是单凭这种仪式的新鲜感，已经大大地吸引了人们。后来人们继续尝试，最后定下来一种形式：表演的时候，指定一名歌手出列，他要用唱或者说的方式提出很多问题，在提出问题的同时，他要挥动双臂，以达到“表演”的效果，而带头的乐手会在之前背熟问题的答案，这些答案事先会由诗人写在莎草纸上。合唱团的其他人，只是负责伴唱和陪衬。

这样的表演显得非常规范，指定歌手和乐手之间的对话，大多是关于酒神，有时候也涉及其他的天神。节目出来以后，大受人们的追捧，风头甚至盖过了游行本身，山羊合唱团的灵魂也是这个节目，它成为游行当中人们最期待的表演。

在悲剧作家中，埃斯库罗斯的才能超越了其他任何作

家，他创作的作品不少于八十部。后来，他对戏剧的形式又进行了改革，改为两个演员同时演出，这丰富了舞台的效果。当索福克勒斯将演员增加到三个的时候，已经过了整整十年。到了公元前 5 世纪中期的时候，欧利比德斯开始创作大量的悲剧作品，舞台上的演员已经不再限定人数了。戏剧形式的改革没有停止过脚步，当阿里斯托芬创作喜剧嘲笑世间一切神、一切人、一切事的时候，咩咩叫的山羊合唱团已经仅仅只作为陪衬的作用出现，他们的作用就是：当剧中的男主人公因违背了神的旨意而被判死刑的时候，他们就低沉地合唱一句“啊这个悲惨而可怕的世界”。

在戏剧形式发生变革的时候，舞台的设计也紧跟其后，如果没有舞台的配合，戏剧的效果将会大大降低。很快地，在希腊这个城邦中，大小的剧场建造起来了。它们常常建在山的前面，舞台下面设有观众席，人们欣赏戏剧的时候，就坐在观众席上，而表演的合唱团和其他演员都站在舞台上。在舞台的后面，还有一个帐篷做的后台，演员们可以在那里做准备以及上台。帐篷在希腊语中叫做“skene”，现在英语中的“scenery”，也即舞台布景，就是来源于此。

后来戏剧这种艺术形式越来越受到希腊人的重视与喜欢，慢慢地，他们不再把戏剧看成是一种娱乐，而是把它们看做是反思自身的途径。人们常说，戏如人生，在短短的戏剧时间里，希腊人深深地体会到人生的悲欢离合，对于神与

人、外界与内部有更清醒的局外人的参照。欣赏戏剧变成一件很严肃的事情。当某个戏剧作家创作出一部新的戏剧时，人们对他产生的敬仰不会比对一个将军少。

古希腊戏剧就这样风靡世界，影响着全人类的艺术创作。

第十八章

波斯战争

波斯战争的起因是非常复杂的。

在前面，我们讲到腓尼基人教会了爱琴海人许多东西，而爱琴海人又教会希腊人许多本领，所以，从某种程度上来说，腓尼基人算是希腊人的祖师爷。但是希腊人从来没有把腓尼基人当成是他们的师父，当他们在小亚细亚沿岸闯出了自己的一番天地时，他们利用学来的经商本领抢夺了腓尼基人的很多生意。无疑，腓尼基人对此十分不满，心里对希腊人有怨恨，但是由于自己的实力不如希腊人雄厚，无法跟希腊人对抗，所以就睁一只眼闭一只眼，装做什么事情都没有发生。

在那个时候，西亚的大部分地方已经被波斯的牧羊人所

占领，这些波斯人也不算是罪大恶极，虽然他们侵占了别人的地盘，但是他们没有将当地居民赶出去，也没有伤害他们，只是规定他们必须每年向波斯国王进贡。后来，他们想要继续扩展疆土，把仗打到了小亚细亚的沿岸。他们依然想采取旧制，只是要求希腊的殖民地吕底亚的人民臣服于他们的国王，并且跟他们的殖民地一样，每年上交赋税。但是他们的这个要求遭到了当地人民的严词拒绝，波斯国家头一次遇到这么强大的阻碍，为了显示自己的威严，也断然不肯让步。没有办法，吕底亚人只有向希腊人求助，好歹希腊是他们的主权国。希腊人一听，马上站到了吕底亚人这边，因为波斯已经危害到他们的利益。

就这样，希腊和波斯两个国家之间就爆发了战争。

波斯面对希腊，已经没有后退的余地，因为波斯的国王看到了希腊的城邦制度，很害怕自己的属国抗议，也要学希腊的那一套。在他看来，如果他的属国要学那一套，那么他的王权与领土都要遭到分割，国内会发生动乱。所以他必须要把这个“坏榜样”打压下去。

希腊人也不害怕波斯王国，因为它有爱琴海作为天然的屏障，波斯要进攻希腊，必须先跨过这道深深的屏障。本来，希腊已经胜算在握，然而就在这个时候，杀出个程咬金，希腊的宿敌——早就对希腊怀恨在心的腓尼基人跳了出来，他们终于等到了千载难逢的报仇机会，马上跑到波斯人面前，要为他们出谋划策。波斯人求之不得。于是波斯人和腓尼基人合作共同对付希腊人，波斯方负责提供军队，腓尼基人负责提供船只。

公元前 492 年，亚洲向欧洲的进攻已经做好所有的准备。

在进攻前，波斯国王还是希望能不费一兵一卒就取得胜利，所以他派了几名使者出使希腊，向希腊索要“土”和“水”，如果希腊给了他们，就意味着他们同意向波斯国称臣。当希腊人听完波斯使者的这些要求时，气愤得把他们全部投进了水井里面去，水井的“土”和“水”到处都是，波斯人可以在里面吃个饱。从这里可以看出来，希腊准备迎战，决不妥协。

当波斯军队驾着腓尼基人的船只气势汹汹地向希腊驶来时，奥林匹克山上的神灵们保佑着他们的子民，波斯人的船只刚刚开进阿托斯山边上的海域，就卷起了一阵狂风，船只在狂风中东摇西晃，船只上的士兵纷纷掉进大海中。海上的军队在飓风中全军覆没了。波斯人出师未捷身先死。

但是这次重大的打击并没有让波斯人死心，相反，这更加激起了他们继续进攻的野心。酝酿了两年以后，波斯人再次向希腊展开了进攻。这一次，他们还算顺利地穿过了爱琴海，成功地在马拉松村附近登陆。雅典人听闻风声，马上就派出了万人军队驻守马拉松那边的山丘，为了确保万无一

失，他们还派出了一个十分擅长奔跑的人去向斯巴达求助。但是，斯巴达历来十分嫉妒雅典的名声，对于雅典与波斯之间的战争持有一种“事不关己高高挂起”的漠然态度，对于雅典的求助无动于衷。其他的城邦也跟斯巴达一样，完全置身事外，纷纷拒绝雅典的求助。在危急关头，唯独十分弱小的普拉提亚国伸出了援手，向雅典派出一千人的军队进行增援。

公元前 490 年 9 月 12 日，雅典人与波斯人正面交锋。雅典人的将领米尔泰底带领着部队顽强抵抗着波斯军队。雅典的军队人数大大少于波斯，但是因为雅典人的勇猛与殊死斗争，奇迹发生了：雅典人在波斯人的枪林箭雨中取得了胜利，他们的长矛发出了巨大的勇力，把敌人的军队打得一败涂地。

雅典城市里的人们日夜翘首遥望着马拉松方向，盼望早点知道战争的最后结果。终于在这天晚上，他们看到一个人影从远处跑过来。他已经跑得摇摇晃晃了，但是仍然在坚持着跑向终点。人们马上迎上去，发现是他们的长跑健将费迪普蒂斯，几天前就是他跑着去向斯巴达求助的。他从斯巴达一回来，就马上加入到米尔泰底的部队当中去，为保卫国家而英勇杀敌，战胜胜利以后，他想到家乡的人们还在等着这个好消息，所以他主动提出自己把这个好消息带回去。

当费迪普蒂斯终于到达终点的时候，他已经筋疲力尽，倒在了人们的怀里，他从嘴巴里艰难地吐出几个字："我们胜利了。"完成了他人生里的最后一个任务，然后闭上了双眼，离世而去。费迪普蒂斯成为了希腊英雄，他为国捐躯的精神感动了整个雅典，希腊的男人们被他激励着，对国家产生了一种巨大的热爱。后来为了纪念他，在1896年举行的第一届奥林匹克运动会上，设了从马拉松到雅典的长跑比赛，名为马拉松比赛。到了现在，马拉松比赛已经在很多个国家举行。

现在，让我们继续回到当年的局势中去。波斯人被雅典人打退了以后，仍旧不死心，三番五次想要卷土重来，但是每次都因为雅典人的重重防守而放弃。希腊人又重新过上了一阵安宁平静的生活。

但在接下来的八年时间里，波斯人依然不到黄河心不死，时不时地进攻一下雅典，雅典也始终都保持着警惕。雅典人预料到，波斯不来一次最后的决战是不会死心的，所以他们要做最好的准备。但是在这个问题上，雅典人出现了分歧。他们一部分人认为应该扩充陆军，另外一部分人则认为应该扩充海军。争论进行了很久，浪费了很多宝贵的时间，最后，以扩充海军这一方为胜，而陆军的代表阿里斯蒂斯则被流放。在海军将军地米斯托克利的努力下，雅典的海军部队大大地扩充了，军舰数量是以前的几倍，并且在雷埃夫斯建立了海军的基地。

果然，到了公元前481年，波斯人就带着自己的部队浩浩荡荡地来到了希腊北方的省份巴萨利，再次对希腊展开进攻。这一次，斯巴达站了出来，担任所有城邦的战事总指挥，这是因为他们在希腊所有的城邦当中，是最具有军事才能的。但是斯巴达依然不改自私的本性，在战事中只顾自己城邦的安危，对于希腊北方的存亡毫不在意，在战争中，他们没有在深入希腊的路线上派重兵把守。

在色萨利通往希腊南方的关卡上，斯巴达只安排了一名将军——里奥尼达和他手下的一小支部队。很快，波斯的军队就来到了这个关卡，对里奥尼达的部队展开了猛烈的攻击。但是里奥尼达是个真正的英雄，他带领着自己的部队以死抵抗，表现出无所畏惧的勇气，波斯的军队没能按预期顺利通过。后来，希腊的部队中出现了一个叛徒，这个叛徒带领着一支波斯的军队从后面偷袭了里奥尼达，里奥尼达的部队依然不肯投降，依然坚持完成这场残酷的斗争。这场战争从早上一直进行到夜晚，当夜晚来临的时候，里奥尼达的军队里只剩下里奥尼达和他的一名士兵。最后，他们两个也倒在了战场上。

关卡被打通了以后，波斯人大摇大摆地进入了希腊的内里，希腊的大片土地都被他们所占领。为了泄愤，波斯人对雅典人展开了大屠杀，那些守卫在边疆的雅典士兵被波斯人一个个丢下山谷，雅典城市里的人们也遭到了波斯人的毒

害。他们见一个就杀一个，最后用一把火烧毁了整个城市。雅典的市民深爱着自己的城邦，眼见城邦遭到如此的摧残，心痛不已，但是他们没有抵抗的能力，只好逃去萨拉米岛。眼看着整个雅典就要沦陷，这时候，雅典的海军起到了作用。地米斯托克利施计让波斯的海军驶进了狭窄的海峡，然后对他们开战，之前的准备工作起到了效果，波斯军队节节败退，不过才几个小时的时间，波斯海军就只剩下四分之一的部队了。

大海的失利使得波斯之前获得的所有都化为乌有，当时的波斯国王薛西斯王只得撤退到色萨利整顿部队，打算第二年再决斗。

不过经历了这一次战争以后，自私的斯巴达人终于将局势看清楚了：他们本来以为这只是小战争，现在终于看清楚局势没有他们想的那么简单，他们想置身于事外是不可能的。所以他们终于挺身而出，积极配合雅典的战争。希腊组成了联合军队，这个联合军队由十几个城邦组成，大约有十万的士兵。希腊和波斯在普拉提亚附近展开了决斗，波斯的士兵是希腊的三倍，但是希腊军队再次表现出强大的勇力，冲破了敌人的弓箭，陆军和海军在同一天都获得了胜利。波斯人再次遭受了失败。这一次，波斯人终于完全认输了。

就这样，欧洲和亚洲第一次腥风血雨的战争画上了句号。波斯乖乖地回到了他们的家乡，在很长的时间里再也不

敢去侵犯雅典。雅典在这次战争中获得其他城邦的极度赞扬，它每一次的坚持都表现出这个城邦拥有坚固之心，而斯巴达在最后关头的挺身而出是希腊最后能获得胜利的重要原因，所以他们持功自傲。其实，如果这两个同样优秀的城邦能放下对彼此的偏见，放下对彼此的妒忌之心，放下之前的种种过节，那么，古希腊或许就能成为一个统一的大国。但是，让人遗憾的是，这两个城邦谁也不肯先低头，依然看不惯彼此，所以，历史赋予他们的和好机会就这样溜走了。

历史再也没有给出第二次机会。

第十九章
本是同根生，相煎何太急

雅典和斯巴达同是古希腊的两个城邦，他们所讲的语言都是一样的，但是，他们相处得并不愉快，彼此都不怎么待见彼此。雅典人对待世界的态度是纯真与快乐的，就像小孩那般，始终都有一颗好奇与求知的心，这跟他们的生活环境是分不开的。雅典地势较高，面对着大海，四季气候温暖怡人，这让雅典人的性格阳光而开放。和雅典人身处的阳光环境相反，斯巴达人长期居住在深谷之内，群山之间连绵不绝的高山成为保护他们的最好的天然屏障。但是这些屏障把外面世界的文明也隔绝在外，斯巴达人常常坐井观天，活在自己的世界里，性格很自负。人们常说雅典是自由快乐之都，而斯巴达则是严肃阴森之城；雅典人擅长贸易，而斯巴达人

擅长军事；雅典人热衷于在灿烂的阳光下吟诗赋词、讨论哲学，而斯巴达人更加热爱习武练剑，每个人生来都是士兵，为了打仗，什么都可以牺牲，包括世界上一切伟大的情感。

在气质上截然相反的城邦，也无怪乎他们彼此不相容了。

波斯战争过后，这两个城邦都开始重建家园，雅典人重新建造城市里的精神文明，他们请来了全国最拔尖的雕塑家和绘画家，请他们为城市增添艺术的感觉。除此之外，他们为了更好地培养下一代，为学校请来了有威望的智者和科学家，让他们做雅典青年人的老师。而斯巴达则延续之前的风格，将重建的重点放在军事上，整日操练士兵，练剑之风更甚昨日，他们想要获得整个希腊的最高领导权。雅典人知道斯巴达人的性格，为了预防他们对雅典进攻，雅典人在大海的沿线修建了高高的城墙，一个茫茫的大海再加上坚固的堡垒，人们都认为雅典是坚不可破的了。但是人们乐观了些。

不久后，因为一次非常小的争执，斯巴达人马上对雅典展开了进攻。雅典和斯巴达的这场战争整整进行了四十年。最终，擅长军事的斯巴达取得了胜利，天真、浪漫的雅典人被打败了。

战争的失败，雅典方面具有很多客观的因素。在战争进行到第三年的时候，雅典发生了一场很大的瘟疫，瘟疫覆盖了全国，雅典伟大的领袖伯里克利在这场瘟疫中死去，同时在这场瘟疫中丧命的还有雅典城邦将近一半的人口。当瘟疫过去时，雅典已经元气大伤，更要命的是，雅典城邦的统治权落入了一个昏庸无能的国王手中。在他的统治下，雅典更是一片低迷。后来，好不容易出来了一名青年才俊，他的名字叫做阿尔希比亚德，他提出应该去突袭斯巴达的殖民地锡拉库萨。他的这个主张得到了雅典人的认可，雅典人把这个建议看成了扭转局势的关键。于是远征的队伍很快就打点好了。可是就在这个关头，阿尔希比亚德因为年少冲动，在一场无聊的街头斗殴中被迫逃跑，离开了雅典。雅典人在匆忙间找来一个接替阿尔希比亚德的人，没想到这个人是一个头脑简单的大笨蛋，远征队伍被打得一败涂地。没有在战场上死去的雅典士兵都被斯巴达人抓到锡拉库萨的采石场做奴隶，这些士兵本来就没有剩下几个，最后他们不是渴死就是饿死。

远征队伍主要是由雅典城邦中的年轻人组成，雅典人把所有的希望都寄托在这支队伍身上。远征队伍的战败，让雅典丧失了最后一根救命的稻草。在公元前 404 年的四月，雅典人在经历了长期的围困以后，终于向斯巴达人投降。他们之前所建起的大海沿线的高墙被推倒，海上所有的军舰都被斯巴达人接收。就这样，曾经辉煌一时、拥有众多属地的雅典开始没落，成为了别人的殖民地。

但是，城市可以被摧毁，领导权可以被替换，精神却是

不灭的。天真、浪漫的雅典人在经历了这一连串的变故以后，依然保持着原来的求知欲和探索欲，他们依然认为知识是世界上最值得追求的东西，乐观开朗的性格因子依然流淌在雅典人民的骨子里。他们的精神永远不会被摧毁，这才是他们这个城邦真正不败的东西。雅典人建立了世界上第一所大学，他们的思想与文化已经跨越了古希腊的疆土，影响到全世界的很多个角落。

第二十章
亚历山大大帝

我们来讲一讲某位国王的故事。

这个国王的源头可以追溯到我们之前提过的亚该亚人。亚该亚人来自于多瑙河畔，他们为了寻找新的家园，在马其顿的山区上停驻下来。这个地方靠近希腊，多年以来，马其顿人与希腊人都保持着一种还算不错的邻居关系，亚该亚人密切关注着希腊土地上发生的一切。

在雅典人和斯巴达人发生四十年持久战争的时候，马其顿人在英国国王菲利普的统领下，拥有一份舒适的生活。他们休养生息，日渐强大。菲利普国王是一位开明的国王，他对希腊的文化与艺术十分向往，对希腊内部经常发生的内乱感到疑惑和遗憾。他认为如此优秀的民族却做出了这样愚昧

的选择，把大量的人力物力糟蹋在一场场无聊的战争当中，实在让人痛惜。斯巴达和雅典的战争结束不久，他为了不让希腊再次陷入政治的内部混乱中去，自命为希腊的首领。

作为希腊新的首领，菲利普认为自己需要为希腊的历史讨回一个公道，所以他决定带领着他的新臣民出征波斯，回敬150年前波斯的侵犯。正当菲利普准备大干一场的时候，他却被人谋杀了。

接下来，我们今天要讲述的这个国王就要出场了，他就是菲利普的儿子——亚历山大大帝，他的老师是人类文明史上著名的智者亚里士多德。亚历山大大帝接过了父王留下来的重任，决定为希腊人报之前雅典被烧的大仇。

在公元前334年，亚历山大大帝带领着自己的部队开始了远征。在远征的过程中，亚历山大大帝表现出帝王的霸气和非凡的领导才能。远征持续了七年，亚历山大大帝先是把希腊的死对头腓尼基人征服，然后又使得埃及俯首称臣，这样一来，尼罗河谷的子民们对他佩服得五体投地，认为他是法老的继承人；后来，亚历山大大帝将波斯的国王打败，整个波斯王国都被他瓦解；他下命令重建巴比伦；到了第七年的时候，他已经打到了印度，他最远的足迹已经到了喜马拉雅山。他的目标非常远大——想要统治全世界。当然，到最后，亚历山大大帝没有完成他的这个目标，但是属于他的领土已经非常辽阔。他终于停止了对其他国家的进攻。

但是，亚历山大大帝又下达了一个让人非常震惊的命令，他规定他所有归属地上的子民都要学习希腊的文化，还要学习希腊的语言，进行了政治制度改革，效仿希腊的城邦制。在这样的命令下，士兵们不再打仗，而是解甲归田，转身做起了老师。军营消失了，转而代之的是学校。一时之间，希腊的文化像清晨的露水一样洒满了各地，各地的气息变得清新无比。

正当希腊文化按照亚历山大大帝的愿望传播时，亚历山大大帝却病倒了，不久后，他就在自己的宫殿中与世长辞。亚历山大大帝去世以后，格局又发生了很大的变化，希腊文化的热潮开始褪去。尽管如此，希腊文化已经在多地产生了深刻的影响，它继续以自己的生命力生长。对亚历山大大帝，历史上有多种不一样的评价，很多人都认为他是一个理想主义者，并且有较大的虚荣之心，虽说的确是这样，但是他在传播人类优质精神文明方面却有不可抹杀的功劳。他去世以后，他的王国开始分崩离析，但是希腊文明依然得以在各个地区传播。

后来，罗马人把埃及和西亚重新统一起来，这样，希腊、波斯、埃及和巴比伦的文化就混杂在一起，被罗马人所继承。这对后世影响巨大。

第二十一章

回顾一下，再出发

人类的故事讲述到现在，细心的读者会发现，我们的眼光都聚集在东方。埃及和美索不达米亚逐渐衰落，我们的目光也需要转移开去。很快地，我们将讲述西方的故事。但是在这之前，为了让读者的思维更加清晰，我们来回顾一下前面的历史。

首先，我们是从史前的人类开始讲起的，那时候，我们的人类始祖还是一些行为习惯都比较单一、动作十分粗鲁的动物。在那时候，人类始祖并不比其他的动物强大，相反，它们显得更加弱小。它们是依靠自己的智慧才存活下来的。

接着，我们讲到冰河时代的来临，地球被寒冷笼罩，恐龙灭绝，人类在严酷的环境下，唯有激发自己更多的智慧才

能生存下来。从古至今，“求生的欲望”一直都是所有生命延续的原动力。于是人类爆发出了自己巨大的潜能，在冰河时代，人类的智慧突飞猛进，当冰河时代完结的时候，人类已经进化成动物中最有智慧的生灵。

后来，我们讲到了尼罗河谷的文化。尼罗河谷是一条神奇的河流，人类的第一个文明在那里诞生，尼罗河谷的子民用自己的文明与智慧过上了另外一种生活，那是与动物截然不同的生活。

讲完了尼罗河谷的文明以后，我们讲到了美索不达米亚，这是“两河流域”，它是人类的第二文明基地。那里群岛遍布，诞生了古老的东方文明，后来这些东方文明传到了西方。那里诞生了古希腊。

再后来，我们讲到了赫楞人，他们属于印欧部落，他们就是古希腊人。在讲到古希腊的时候，我们专门讲到了他们的城邦制度，虽然他们的城邦听起来像是城市，但实际上却是国家。古希腊的文化对后世影响至深。

在我们讲述的文明中，主要讲到了一共四种文明：埃及文明、巴比伦文明、腓尼基文明以及闪米特文明。接下来，我们很快会讲到罗马文明。我们现代社会是在埃及和美索不达米亚古希腊的文明混合体上发展而来。

好了，现在，让我们先喝一口茶，再继续讲人类的故事。

第二十二章

罗马与迦太基

罗马与迦太基的故事会略长些。

迦太基属于闪米特部落，他们最先开发西部。迦太基处在阿非利加海峡上，是一个繁荣的贸易场所。迦太基人和其他的腓尼基人具有相似的性格，他们对于精神文化没有什么追求，一门心思赚钱，奉行“金钱至上”的信条。他们国家的大权掌握在少数富人手中，船王、矿主和巨商都是这个国家的富人。这些富人名义上说是在管理国家，但是实际上，他们只是利用国家来赚钱，所有国家大事最后的决定都是从他们的共同利益出发的。当然了，不得不承认，他们是非常能干的人。

后来，迦太基人越来越强大，影响力到达周边地区，非

洲沿海的很多地区，还有今天西班牙和法国的一些地区，都被笼罩在迦太基人的权力之下，这些地区必须要按时向迦太基人纳税。

迦太基人实施的这种“富人”制度，必须得到全国上下大部分人的同意。要使大部分人同意，就要让他们的生活衣食无忧，人们的生活好过了，就不会去理会国家采取什么样的政体，也不会去管国家的领导权在谁的手中。富人们敏锐地意识到这一点，所以他们极力保证船只每天都能出港，采矿场的工人每天都可以冶炼矿石，码头工人和卸装工人每天都有工可做。在将近五百年的时间里，以上这些富人们都做得很好。

但是好景不长，对迦太基富人的威胁出现了。有一天，他们突然听到了一个谣言，说在台伯河岸出现了一个名叫罗马的小镇，这个小镇正在打造一些船只，打算和法国南部沿海地区以及西西里通商贸易。如果罗马小镇的这个想法实现的话，那么对于迦太基人来说是一个巨大的冲击，他们霸王般的商业贸易地位会受到影响。他们是不会允许有这样的影响发生的。所以他们马上派人去调查实际情况，看是不是真的如谣言所说。

关于罗马建起的传说有很多种，但是很多都只是人们美好的心愿，实际上，罗马的建立和其他城市的建立几乎没有两样。在一开始的时候，罗马只是一个渡口，用以以物换物

和贩卖马匹，它的地理位置具有很大的优势，可以极其便利地通往大海和内陆。后来，它发展为收税的集市。罗马附近有七座小山丘，它们把外面的敌人都阻挡在外，居民们可以很安全地生活，这有利于他们的发展与繁荣。

离罗马不远的大山住着一些萨宾人，他们对罗马人虎视眈眈，想要占据他们的地理位置，但是他们的发展水平远远比不上罗马，使用的军事武器还是石斧和木盾，而罗马人那时候已经开始使用钢铁刀剑，所以萨宾人并没有对罗马构成实质性的威胁。对罗马真正的威胁来自一个神秘的民族，叫做埃特拉斯坎人。这个民族发源于何处，现如今还是一个谜。但是，在意大利的沿岸一带，到处都可以看到这个民族留下来的遗迹，除此之外，这个民族有自己的语言文字。但是让人遗憾的是，迄今为止依然没有人能够破译他们留下来的那些铭文。现在历史学家们普遍认为，这个民族极有可能来自于小亚细亚，他们或许是因为逃避战争或者瘟疫才离开了家乡，来到了罗马附近。

这些埃特拉斯坎人对文明的传播起到了一个非常大的作用，是他们把东方的文明火种带到了西方。罗马人是通过他们才掌握了建筑方面的基础知识，才学会如何修建街道，关于战争、烹饪、艺术、医学和天文学等方面的知识，罗马人也是从他们身上学到的。

不过，罗马人并没有将这些埃特拉斯坎人看做自己的师

父，就像希腊人从爱琴海人身上学到了许多，也没有把他们看做是自己的恩师一样。相反，罗马人很不喜欢这些埃特拉斯坎人，这种不喜欢甚至到了憎恨的地步，因为他们感觉到这些埃特拉斯坎人对罗马的觊觎之心。后来，希腊人开始与意大利通商，他们到达了罗马，希腊人的文明也随之在罗马散播。罗马学会了希腊的语言，受到希腊的启发，他们统一了自己的货币，建立了度量体系；最后，罗马人连希腊的诸位神灵也照搬到自己的神台上。只是这些希腊的神灵到了罗马的土地上改换了名字，比如宙斯就被改叫“朱庇特”。当然，入乡随俗，希腊的神灵们到了罗马以后，只是严格要求自己的信徒遵守戒律，对于罗马人的生活并没有作很多干涉。

罗马人的政治体制也受到希腊的影响，但是并没有和希腊一样。罗马人一开始的时候也采用了类似于雅典城邦制的政治体制，把国王和将领都废除了。但是罗马人发现，废除了国王和将领以后，很多问题就来了，其中最突出的就是那些贵族的权力问题。后来罗马人花费了几百年的时间，才算是能让几乎所有的罗马人对国家政事有平等发言的机会。

罗马人有一个非常大的优点，那就是他们非常喜欢做实事，这一点和天真烂漫的雅典人很不一样。雅典人喜欢夸夸其谈。罗马人为了避免在口舌上浪费时间，他们将管理国家的任务交给了“执政官”，并且选出罗马有名望的老人来辅

助他俩，这些被选出来的老人组成一个智慧团，有一个专门的称号，叫“元老院”。当然了，这些老人的出身都是贵族，但是他们的权力受到法律的严格限制。

但是到了公元前 5 世纪，罗马人中也出现了贫富差异，如果这个问题不能很好地解决，那么国家就会出现动乱，所以罗马人想方设法解决这个问题。最后他们想出了一个“护民官”制度，也就是国家的自由市民也能获得法律的明文保护，贵族不得违法迫害这些市民。担当“护民官”的长官都是由自由市民投票选出来的，这保证了这些长官的公平性，他们的权力说大不大，说小也不小，一旦有些人（大多是自由市民）被判死刑，如果护民官认为罪不及死，那么他们就可以站出来让这些人免于无辜受死。

后来罗马发展得越来越强大，很多属地都归到它的名下。它是当时意大利中部防守最严密的城市。难能可贵的是，它很乐意去保护那些受到侵犯的拉丁部族。所以它的拉丁邻居们对它忠心耿耿，都提出想成为它的盟友。罗马人在这一点上又显示出自己的大气与远见，如果换作那些埃及人、腓尼基人、巴比伦人或者是希腊人，他们在收到这样的请求时，肯定以此作为条件，让这些拉丁部族成为他们的臣民。而罗马人不同，他们热烈地欢迎这些拉丁部族做他们盟友，没有提出过分的要求，他们热情地对这些拉丁部族说道：“亲爱的朋友们，如果你们想加入到我们的家园里来，

就请你们来吧！你们加进来了以后，就是我们罗马大国的公民，和这个国家本来的公民没有任何两样！但是，当我们的国家受到侵犯时，请你们跟我们一起，共同来保护它！”那些拉丁部族听了以后，十分开心，因为对方既然把他们当成是国家的合法公民，那么这个国家就是他们自己的国家，当它受到侵犯时，当然要保护它，罗马人的这个要求合情合理！在前面我们提到，雅典当年受到攻击的时候，它派人出去寻求援助，最后只来了一支一千人的军队，这跟雅典人对于盟友的态度是有关系的，因为雅典人从来不把“外国人”当做是自己人，那么也怪不得他们不伸出救援之手了。

那么，当罗马人有一天真的遭遇了强兵入侵时，它的盟友完全遵守当时的约定，即便是相隔万里，他们也纷纷前来相救，因为在它的盟友眼里，这是他们的母亲遭遇了危险。罗马人和他们盟友之间的这种默契与亲密经历了多次考验，每一次，他们都在考验中证明了对彼此的忠诚与爱戴。有一次，高卢人攻入了罗马城内，他们非常得意，以为周边的邻居肯定会灰溜溜地过来求饶，但是他们等来等去，却没有等到一个前来求饶的人！相反，很快地，高卢人发现周边部族切断了对他们的供给，他们不出七个月就完全没有了粮食。最后，他们不得不撤离罗马城。

罗马因为自身的慷慨与大气，在危机中总能安然度过，安然度过以后，罗马变得越来越强大。

我们花费了一些笔墨介绍了罗马人的历史，相信读者看完以后能明白迦太基人忌讳罗马人的真正原因了。罗马人没有偏见，包容性更强，信奉“人人平等”，相信合作能让自己更加强大，而希腊人、腓尼基人等则具有强烈的排外性，他们对自己的属国是靠强权来镇压，而罗马是靠情感来牵绊。

让我们回到开头，迦太基人迫切地想要找到一个借口来消除罗马人对他们的威胁。派人去了解了罗马的一些真实情况以后，迦太基人知道要按捺住自己的冲动，冷静处理。所以他们首先跟罗马约谈，商量着要在双方的疆土上划好边界。他们双方为此签订了协议，但是很快地，这个协议就形同虚设，完全失效了。不多久，他们都想派兵到西西里去，因为那时候的西西里拥有着肥沃的土地，但是他们的国内政治十分混乱，迦太基人和罗马人都想夺取那片领土。

于是，迦太基和罗马之间的第一次战争爆发了，历史上称这次战争为布匿战争。战争持续了二十四年，主要是海战。迦太基人其实在海战上占有优势，因为他们的民族历来擅长在海上作战，有着丰富的经验，但是他们却败给了罗马人。这是因为他们仍然遵循古老的海上作战方法，要不就是撞击敌船，要不就是偷袭船的侧面。而罗马人却因为没有丰富的海上作战经验而完全没有包袱，并勇于创新：他们给自己的每一艘船舰配备了吊桥，罗马的士兵可以通过这架吊桥

冲到敌人的船舰上去，跟敌人展开决斗。在一次名叫迈利的战役当中，迦太基人被打得狼狈而逃，最后只能向罗马投降。

就这样，罗马人占据了西里里。

二十三年后，罗马人和迦太基人再起冲突，导火线是迦太基人派兵占据了西班牙东边的萨贡托，萨贡托向罗马求助，罗马马上答应伸出援手。元老院下命令组建一支出征的军队，成员主要是拉丁族。迦太基人听闻以后，迅速消灭了萨贡托，而这个时候，罗马出征的军队还没有准备好。这大大激怒了罗马，罗马人认为这是对他们的一种侮辱。罗马的元老院决定惩罚一下迦太基人，他们派出了一支军队于迦太基登陆，再派出一支军队在西班牙对抗迦太基的军队，防止他们回国搬救兵。罗马人对这个计策十分满意，认为已经胜利在握。

不料，去西班牙阻止迦太基人回去搬救兵的罗马兵出发不多久，就从大山里传来了可怕的谣言。这些谣言是从大山上落荒而逃的野蛮人带来的。据他们描述，有一支军队出现在大山中，队伍中的士兵有几万人，全部都是棕色皮肤，最可怕的是，这支队伍带领着很多怪兽，那些怪兽像小房子那么大！野蛮人说这支队伍和罗马士兵打了起来，结果可想而知，罗马士兵被怪兽统统踩在了脚下！罗马人急切地想知道事情的真相，紧接着，几个幸存的士兵从大山上逃了下来，

把事情补充完整。原来，是哈密尔喀尔的儿子汉尼拔率领着大部队在山上和罗马士兵打斗，这个大部队有五万个士兵，九千名骑兵，最厉害的是，还有三十七头军用的大象。这些大象力大无穷，受过专业的训练，凶神恶煞。这个大部队把罗马士兵打得一败涂地，迦太基军队在他们的护送下，已经安然无恙地通过了阿尔卑斯山。然后，汉尼拔又带着这个大部队与高卢人会合，把正在横渡特拉比亚河的罗马军队击败。

罗马的元老院知道这个情况以后，很是震惊，但是他们马上冷静下来，将这些战败的消息进行了封锁，免得引起国内的骚动。接着，他们又派出了两支更强大的军队出去迎战。但是，这两支军队刚出发没多久，就被埋伏在窄路上的汉尼拔军队消灭。消息传回元老院，元老院的人更加震惊了，但是他们毕生的智慧让他们再次冷静下来，他们找到费边将军做他们的统帅，给了他第三支出征的战队，并且赋予费边至高的决定权，允许他为了国家的胜利作出任何的选择、任何的牺牲。费边是一个老将军，他敏锐地觉察到，这次战争和以往的很不一样，对手十分凶猛，而他军队中的士兵都是临时集结，所受的专业训练非常少，如果硬对硬毫无胜算可言。费边决定打游击战。他带领着部队紧跟在汉尼拔的后面，但是始终都不正面出现。他派一小支分队走在前面，一路上把食物都毁坏掉（他们自己已经带够食物），并

且把道路也毁坏掉，冷不防就去偷袭敌军。汉尼拔的军队很气恼，他们习惯了大刀阔斧面对面跟敌人打斗，对这种东躲西藏的游戏设有耐心。渐渐地，他们的士气被磨掉了许多，军队的实力也有所亏损。

消息传回罗马城里，这相对来说本应是个好消息，但是罗马人习惯了胜利，对于费边的这种策略，他们觉得丢人，认为不是大丈夫所为。在这个时候，罗马人中跳出一个叫做瓦罗的大笨蛋，他历来都吹嘘自己是新新人类，大肆诋毁费边将军，说他是夕阳红，行动拖延，说罗马军队被他继续带领的话是死路一条。国内的人民已经被前几次失败冲昏了脑袋，他们对大笨蛋的话非常相信，一致要求更换军队的统帅，把瓦罗换上去，将费边拉下来。元老院没有办法，只有服从舆论，将瓦罗改选为统帅。在瓦罗大统帅的带领下，公元前 216 年，罗马与迦太基发生了一次坎尼战役，罗马七万多名士兵被杀，这是有史以来罗马最大的一次失败。也正因为这场战役，汉尼拔成为了意大利最大的君主。

汉尼拔成为意大利最大的君主以后得意洋洋，从一个地方游行到另外一个地方，把自己称为“解放罗马奴役的救星”。他大力呼吁其他的意大利地区共同参加到讨伐罗马的队伍中来。但是罗马的政治智慧再次拯救了自己，因为素来与很多地区交好，除了极少的一两个地区，其他的地区依然忠诚于与罗马的友谊，汉尼拔的目的非但没有达到，反而使

自己成为很多地区共同抵制的对象。在众多地区的孤立下，汉尼拔越来越吃力，最后，他不得不向自己的国家迦太基寻求帮助，但是这时候的迦太基却没有能力帮助他。

不久后，罗马就从自己的失败中站了起来，他们发挥海上优势，运用自己发明的吊桥战术，紧紧地掌握了海上大权，把海上的运输通道垄断。汉尼拔对此毫无办法，他只能继续在陆地上获取自己的果实，但是因为当地人根本就不认同他，对他百般阻挠，他的军队实力越来越弱。到了后来，他不得不向自己的兄弟求助。他的兄弟哈斯德鲁巴刚在西班牙打败了罗马，打算不辞劳苦翻越整个阿尔卑斯山来帮助他，但是罗马人截住了哈斯德鲁巴派出来的信使，获取了他们之间的信息。罗马人决定先发制人，把汉尼拔的援军统统消灭，并且叫人把这些援军的头颅送去给汉尼拔。

过了四年，罗马人已经有实力东山再起，他们打算好好地再跟迦太基人打上一战。这个时候，汉尼拔奉旨回国，准备重新建立防备阵线。公元前 202 年，罗马和迦太基发生了一次战役。史称扎马战役。在这次战役中，迦太基宣告失败，汉尼拔不得不逃至提尔，后来转逃到小亚细亚。他妄图通过挑拨叙利亚人、马其顿人跟罗马之间的感情，来争取盟友共同进攻罗马。但是他的计谋没有得逞，反而因为他，罗马把战火烧到了亚洲，结果就是爱琴海大部分的地区都落入了罗马的口袋。

迦太基最终被罗马征服，被迫与罗马签订了一系列不平等条约。在条约中规定，迦太基人从此参加任何战争都必须得到罗马人的首肯，除此之外，迦太基人每年都必须上交大量的金钱给罗马。至此罗马对迦太基的那口恶气才算是出了一点点。而汉尼拔这个时候已经成为无家可归的流浪者。他四处逃难，每个国家都不肯收留他，最后，他怀抱着自己心中最初的大国美梦，在公元前 190 年服毒自杀。

过了四十年，罗马和迦太基之间爆发了最后一次战争，这个时候的罗马是一个崭新的罗马帝国，迦太基已经远远不是它的对手，对峙了三年以后，迦太基人最终投降。罗马人为了清点历史的耻辱，把幸存下来的迦太基人全部贬为奴隶，允许出卖，并且一把火把迦太基烧掉了。

在此后的一千年里，欧洲人一直都掌控着地中海这片土地，后来罗马帝国被消灭，才重新有亚洲人步入。

那是另外的故事了。

第二十三章

罗马是怎样建成的

有句谚语叫："条条大道通罗马。"罗马在后来成为很多人向往的天堂。那么，罗马是怎样建成的呢？我们简单来介绍下。

罗马的兴起是个偶然，不是人刻意而为，从来就没有一个人号召过大家要建立起一个强大的罗马帝国，也没有谁有这样的野心。一切都是在自然而然当中发生的。罗马的兴起完全因为它是罗马。

在上一章的开端不久，我们就介绍过罗马人的性格，在这里，很有必要再重提一次。我们之前讲到，罗马人非常务实，这和天真烂漫的希腊人不一样。罗马人喜欢做实事，做实事会让他们得到内心的充实与宁静，还有安全。如果有人要单独约个时间把大家聚集在一起，就为了跟大家谈谈罗马未来的发展，那可是行不通的。因为罗马人知道，发展靠的是行动，不是嘴皮子。罗马的领土越来越多，这怪不得罗马人，这并不是因为罗马人有多么贪得无厌，也不是因为他们有非常大的野心。事实上，罗马人特别容易知足。但是一旦遇到威胁，有别人妄图侵犯他们的家园，那么，他们就不得不拿起武器，拼命保护自己的土地，不管敌人在多遥远的地方，罗马人都会追到那个地方。当威胁消除的时候，罗马人为了不让这种威胁再次出现，不得不留下一些人来照看那个地方——就这样，罗马的领土越来越辽阔。

在前一章，我们提到，汉尼拔突然奉召回国，那是因为他的兄弟被罗马人杀死以后，他兄弟刚刚占领的西班牙土地被年轻的大西庇阿收复，大西庇阿想要继续进攻非洲，所以迦太基才急忙把汉尼拔召回。汉尼拔回去以后，一切都不顺利，最后不得不逃亡马其顿和叙利亚——这些我们都讲过了。这章的故事就要从这里开始讲起。

那时候，马其顿和叙利亚的帝王正在密谋攻打埃及，因为尼罗河谷的富饶实在太吸引人了，这两个君主打算瓜分它。埃及的帝王听到这个消息以后，急忙向罗马求助。罗马考虑到自身的安全利益，欣然前往。罗马在出征的过程中，非常顺利。公元前 197 年，罗马与马其顿发生了狗头山战役，罗马轻松得胜。

接着，罗马人来到了阿提卡，他们对希腊人说自己是来帮助希腊人摆脱马其顿的统治的，但是希腊人没有听进去，各个城邦又像从前那样吵架。罗马对此感到很疑惑，在他们看来，吵架什么的是世界上最愚蠢的行为。在一开始的时候，罗马人还是选择了忍耐，但是到了后来，他们实在无法再忍耐下去，为了给这些只知道吵架的希腊人一个教训，他们派兵入城，一把火烧了科林斯城，接着，他们派了一个罗马人去管理雅典。

后来，汉尼拔鼓动叙利亚的国王侵略罗马，说这是一件非常容易的事情。无知的国王信以为真，准备派兵出征。但是就在公元前 190 年，大西庇阿的弟弟小西庇阿把叙利亚轻而易举地消灭了。叙利亚的国王被自己的下臣用私刑处死。而叙利亚管辖中的小亚细亚则被纳入了罗马的领土。

罗马就是这样一步步成为地中海上最大的霸主。

第二十四章
罗马帝国的故事

罗马军队的多次胜利让罗马人心中充满了自豪，军队回国后受到全国的追捧。但是，当罗马人冷静下来的时候，他们发现战争或者说战争的胜利并没有带给他们更多的快乐。因为连年作战，罗马农民的土地很多都荒废了，国家的财富与权力几乎全部都集中在那些大将军的手里，他们认为自己为国家贡献了这么多，理应拥有更多。

从前的罗马人热衷于过一种简朴的生活，他们不爱慕虚荣；但是新共和国下的罗马却开始嫌弃从前那种贫苦的生活方式，在富人的领导下，这个国家的人民向往一种骄奢的生活。这就为罗马最终的衰败埋下了伏笔。

在差不多 150 年的时间里，整个地中海地区都在罗马的

控制之下，那时候的情况是，一旦成为了战俘，那么从此以后就变成了别人的奴隶。罗马人为了防止敌人东山再起，对手下败将从来没有怜悯之心。比如，他们的宿敌迦太基人失败的时候，他们就把迦太基的女人和孩子都一同当做是奴隶，拿去出售。马其顿、希腊、叙利亚和西班牙如果胆敢不听罗马的命令，那么结局将会是一样的。

在这里，我们有必要介绍一下两千多年前奴隶的待遇。那时候，罗马的富人很喜欢投资土地和奴隶，土地比较容易被获得，那些将军可以直接占有新征服的土地。而奴隶，他们在集市上也能很容易就能买到。奴隶就被当成是商品一样，可以在市场上流通，同时，他们也被当做牲口一样，最苦、最累的活儿都由他们去完成。

在罗马，除了富人和奴隶，还有一种人的存在：作为自由人的农民们。曾经，农民是罗马的顶梁柱，他们热爱着自己的国家，为了保护国家不惜抛妻别子、浴血奋战。然而，十几年的时间过去了，这些出外征战的农民们得以回到自己的家乡，他们却很寒心地发现：国家是保住了，但是家园却失去了。他们的耕地上杂草成堆，家中也只剩下一两个人，甚至有一些只剩下一间空荡荡的房子。作为曾经在沙场上不屈不挠的勇士，这些农民没有倒下，他们愿意重新开始，相信明天会更好。所以他们收拾了一下自己凄凉的心境，把田地里的杂草去掉，重新播种。

丰收的季节来临，这些农民们满怀希望拿着粮食到市场上去贩卖，却发现那些富人出的价格远远低于他们的，因为那些富人的田地都是大量奴隶在耕种，产量非常大。刚开始的时候，农民们还安慰自己：这是短暂的，终究会好起来的。可是到了后来，农民们再也找不到借口来安慰自己，因为事情越来越糟糕了：他们已经养不活自己了，贫穷和饥饿就像一片巨大的阴影遮盖着他们的生活，他们活得压抑而痛苦。再后来，这些农民们卖掉了自己的房子，搬到罗马附近的郊区去，那里全部都是这个国家的穷人，都是这个国家的遗弃者。身为这个国家曾经的保护者，他们没有想到有一天这个国家会容不下自己。他们簇拥在一起，在脏兮兮的茅屋里张望着远处的罗马，那是一个繁荣富裕的地方，却跟他们没有任何关系了。与自己有关系的只是眼下这个糟糕的环境，不时发作的传染病时刻威胁着他们的生命。

这个时候，有一些算命先生出现在他们的周围，对他们说，这一切都是城市里统治者的错误，说上天要派他们去惩罚这些统治者。“这是神的旨意。”

这些命运悲苦的农民相信了。

他们开始在罗马城内闹事，杀人放火，以一种极端的方式谋取自己的公平待遇。他们成为了罗马城内最大的安全隐患。但是这些并没有引起当时统治阶级的注意，他们认为这只是一些小吵小闹，成不了什么气候。富人们依然每日在自

己的花园里，聆听希腊的《荷马史诗》，种种花，养养草，日子过得好不惬意。

当然，富人中间也有好人，有些富人依然保持着为大众效劳的美好品质。大西庇亚的女儿嫁给了一个罗马人，他们生了两个儿子，大儿子叫做提比略，小儿子叫做盖约。兄弟二人都立志从政。哥哥提比略进入政坛以后，成为了一名护民官，想要通过政治改革来帮助那些贫苦的农民。他将从前的法律拿出来，约束富人们可以拥有的土地数量。为此，他被受到损失的富人们当做最大的敌人。有人雇佣杀手来刺杀这位善良的护民官。有一天，提比略在进入会议室的时候被袭击，然后死去。

十年后，弟弟盖约接过了哥哥的历史使命，继续政治改革的路途。但是，他所倡导的《济贫法》实施得不够彻底，盖约本来是想通过它保障贫苦人民的利益，最后却让贫苦人都变成了乞丐。后来，他又在一些边远的山区建了一些贫民房，想要帮助那些无家可归的人们，但是，这个目的最后没有实现。不久后，盖约遭遇了和他哥哥同样的命运，被人谋杀。

除了提比略两兄弟，还有两位也是革命的先行者，他们是马略和苏拉，都来自军队。地主们听从马略的命令，而马略在自由人当中享有极高的权威，他被认为是英雄。

在公元前 88 年，罗马城内出现了一个谣言，说在黑海

边上的米特拉达特斯国家正在重建亚历山大帝国，那些住在小亚细亚的罗马人统统被米特拉达特斯的国王杀死。罗马元老院的人被派去求证这个谣言，发现的确如此。元老院的人怒火冲天，马上派兵去讨伐米特拉达特斯国。在让谁担任出征将领这个问题上，罗马人出现了分歧。那些富人认为应该由苏拉担任，理由是他有执政官的身份；但是自由市民却极力推荐马略，认为他更有魄力。最后，代表富人利益的苏拉获得了领导权，他带领着自己的部队出征米特拉达特斯国。马略则跑去了非洲，但他一听到苏拉已经去了亚洲，就马上回到了国内，纠集一伙人冲进元老院，对之前反对他的元老院成员进行杀戮。杀戮整整进行了五天五夜，马略把所有不服从他的元老院成员都杀光，最后自己成为了执政官。但是乐极生悲，他竟然因为太兴奋而突然暴病。

苏拉战胜了米特拉达特斯国后迅速赶回国内，要与马略算旧账。但这个时候马略已经去世，所以这笔旧账就算在了马略的部下头上。他说到做到，命令手下把马略所有的追随者统统杀死，甚至曾经跟马略说过几句话的人都要被杀。有一天，他的手下抓到了一个孩子，这个孩子曾经跟马略简单地聊过一两句话，眼看着这个孩子就要被处死了，突然有人为这个孩子求情："他毕竟只是个孩子啊。"那些人同意了，孩子得救。这个大难不死的孩子，就是后来把世界弄得天翻地覆的恺撒。他的故事，我们随后会讲到。

苏拉成为罗马最大的统治者，在他统治的四年间，罗马动荡不安。不久后他就死了，在他死前的一年里，他把所有的心思都花在如何培植白菜上。

苏拉死后，在罗马真正拥有最大实权的人是他的好友庞培将军。庞培将军是一个喜爱战场的人，他领兵把经常出来捣乱的米特拉达特斯国国王赶到了深山里。米特拉达特斯国国王怕被罗马人俘虏后成为奴隶，所以在深山中绝望地服毒自杀。庞培一发不可收拾，在叙利亚重申罗马人的霸主地位，派兵进驻耶路撒冷，整个西亚都在他的淫威之下。庞培的目标是要超越亚历山大大帝。在公元前62年，庞培将军回到了罗马，跟他一起回去的还有几个战败国的国王君主以及他们的王亲国戚，庞培把他们当做是战利品一样拿出来示众。除此之外，他还向罗马的公民炫耀自己从战争中掠夺来的四千万美元的财富。罗马人一下都对他崇拜得不得了。

那个时候，因为庞培将军经常在外征战，国内的统治权落入了一个名叫卡特林的人手里。他是一个年轻的贵族，也是一个糊涂虫。他在赌博中输光了自己的财产，妄图私吞国家财产还债。这被一个精明的律师发现并报告给了元老院，卡特林听闻风声，立刻逃命。罗马急需一个真正有能力的人来主持国家大事。

庞培回到罗马以后，创立了一个“三人执政官”监管会来管理国家。他自己担任这个监管会的最高领导人，恺撒也

是其中的一员（他那时候已经在国内有一定的名望），还有另外一个是克苏拉，克苏拉在国内没有什么名望，但是因为他富可敌国，所以庞培选中了他，但是不久后，他被外派出征，最后有去无回，死在了异乡。

在这里，我们要详细地说一说恺撒，他在历史上是个名人。我们在前面讲到埃及的时候，其实已经提及过他。恺撒在年轻的时候就很有野心，当上监管会的成员以后，他有了一个大舞台来展现自己的非凡才能，但是他清醒地意识到，要真正让罗马上下都服从他，就必须建立更多的军功。于是他带兵出征，征服了法国，接着征服了莱茵河对面的条顿，后来又征服了英格兰。在他的带领下，罗马的军队势不可挡，横扫千军。如果不是他突然返回意大利的话，恐怕这个世界的半边天都要归他了。他之所以会突然返回意大利，是因为他听说庞培将军被委任为罗马的终身独裁官，这意味着他自己在罗马的政治地位下降了，所以他要赶回去保住自己的地位。恺撒心中气愤难当，自己在外面出生入死，没有想到会祸起萧墙，他立誓回到罗马以后，要狠狠地报复所谓的“终身独裁官”和元老院的那些老糊涂。庞培听闻以后马上逃出罗马，逃到了希腊。恺撒追了过去，庞培不得不越过地中海，逃到了埃及。但是他刚踏上埃及的土地，就被埃及的国王托勒密下令杀死了。在后面追赶庞培的恺撒很快也到了埃及，那个时候他还不知道庞培已经被杀死，他也同样遭到

埃及人的追捕。

恺撒还算是命大，没有被抓到，他命令手下把埃及的海军舰队点燃。不过，这些燃烧起来的火苗蔓延到了岸边的亚历山大图书馆，于是图书馆在顷刻之间也被燃烧殆尽。不得不说，这是人类巨大的损失。回过神来的恺撒迅速占据了主动权，调集部队对埃及发起了猛烈的进攻，埃及的士兵都被逼到了尼罗河，而他们的国王托勒密也被逼淹死。托勒密被逼淹死以后，恺撒把托勒密的妹妹克娄巴特拉立为埃及的国王。不久，恺撒就深深地爱上了这位新女王。此时，罗马传来急报，米特拉达特斯的儿子法纳西斯准备带兵进攻罗马，恺撒于是暂时放下埃及，掉头回到米特拉达特斯与法纳西斯的军队打斗了五天五夜，取得了完全的胜利。恺撒豪气冲天，写下了那句名言："我来了，我看过了，我征服了。"然后，在爱情的驱动下，恺撒再次回到了埃及，将克娄巴特拉带回罗马。回去以后，他沉醉在成功当中，连续举行了四次庆典活动来为自己庆功。

罗马的元老院知趣地把恺撒封为"独裁官"，任期为十年。恺撒高兴极了，他没有预料到，这恰恰是他命运转折的开始。

恺撒终于在国内享有了至高无上的权力，他马上对罗马政府进行改革。首先，他消除了自由民众不允许进入元老院这个规定。其次，他下令消除偏见，要按照古罗马的传统，

把罗马人的公民身份也赋予那些有才能的城内外国人。最后，他下命令不允许那些贵族把偏远的外省当做自己的私人财产。从他的种种改革来看，他的目的都是照顾一下那些受苦的自由民众，为他们争取他们本应拥有的权益。但是这就得罪了那些富人阶级。不久后，谋杀恺撒的阴谋在五十几个贵族当中产生了，这五十几个贵族把他们的这次行动称为“拯救共和国”。

古罗马历法上的 3 月 15 号，恺撒被杀。

恺撒一死，罗马又陷入了混乱当中。在当时，罗马有两个人比较有政治实力，一个是恺撒之前的秘书安东尼，另外一个是恺撒的侄孙屋大维，屋大维同时也是恺撒的继承人。在前面的时候，我们就讲到，安东尼和恺撒一样，都被埃及的克娄巴特拉所深深吸引，他为了追求克娄巴特拉而去了埃及，很久都没有回到罗马。不久后，为了罗马的统治权问题，安东尼和屋大维之间发生了战争，在著名的亚克兴角战役中，安东尼输给了屋大维，安东尼受不了这个耻辱，再加上眼看自己已经没有能力东山再起，所以选择了自杀。这样，就剩下克娄巴特拉一个人抵抗屋大维了。她本来也想利用自己的美貌来获取胜利，但是屋大维对此有免疫力，后来她也只有绝望地选择了自杀。就这样，埃及沦落为罗马的一个省份。

屋大维成为了罗马的最高统治者。他是一个非常聪明的

年轻贵族，对于前辈犯过的错，他不会跟着也犯一次，相反，他会吸取前人的教训，让自己的路途更加顺畅。他认为恺撒最大的错误就是讲错了太多话，并且过于贪得无厌。所以他回到罗马后，没有发表过多的言论，并且没有向元老院提出加封。但是罗马人对他马首是瞻，都称他为皇帝。不知道从什么时候开始，罗马共和国变成了罗马帝国。公元 14 年，屋大维正式登上了帝位。罗马成为了人类历史上最有名的帝国。

对于罗马的老百姓而言，国家是共和国也好，是帝国也罢，这跟他们都没有太多直接的关系，他们甚至都不怎么关心到底是谁做了元首，他们所关心的是什么时候能过上真正太平的日子。屋大维了解老百姓的这个心理，所以很早之前就向国民承诺，在至少四十年的时间里，不会因为扩张领土而对外发动战争。只是，他并没有遵守自己的承诺，在公元 9 年的时候，他曾经想要攻占条顿人的领土，但是宣告失败，只好作罢。

经历了差不多两百多年祸乱的罗马已经不再是曾经那个平静而满足的罗马了。罗马的人民在一次次的战争中，学会了麻木。因为麻木，开始不仁，他们学会了以暴制暴，不再是从前那个充满同情心的民族。罗马整个国家的领土达到了一个最顶峰，国家声名远扬，人们提起它，满是羡慕与敬仰。但是在这些声名远扬的背后，却是一个个苦不堪言的子

民。几百万贫苦人民都生活在富人的规则之下，生活毫无快乐可言，生命毫无尊严可谈。

屋大维在他自己的宫殿上为国事忙得焦头烂额的时候，他心中充满了期盼。他相信他的国家会一代接一代地屹立不倒。他不知道，在此时此刻，在一个千里之外的马厩中，有一个木匠的儿子刚刚出生。

他“哇哇哇”的哭啼声是如此响亮而清脆，划破静静的黑暗的夜晚。

不知道这个世界上是不是真的存在“命运”一说，如果真的有，那它真是一双神奇的大手，冥冥之中，它操纵了一切。

屋大维还不知道，用不了多少年，长于皇宫的人和生于马厩的人会有一场较量。

贫者胜。

第二十五章

罗马是怎样衰落的

公元 476 年，罗马灭亡。当罗马帝国正式宣告结束的时候，罗马人感觉到很愕然，因为他们不知道这一切是怎么发生的。虽然这个国家的子民在很多年里都在抱怨国内的各种不平等，抱怨国内的物价过高，抱怨工资过低，间或，也有一些子民揭竿起义——但是这样的时候并不多。公元后的前四百年间，大部分的罗马子民过着和从前差不多的生活：有钱人，吃吃喝喝，有闲余就养点小花小草；那些贫苦人，依然在饥饿线上苦苦挣扎。谁也没有注意到，他们的国家在一点点地衰落，他们在外面还能引以为傲的东西，不知道从什么时候开始消失了。

这也要归功于罗马政府很会掩饰。他们的首都派重兵把

守，一切都井然有序。野蛮的民族被驱逐到边远的北欧，各个属地每年都依旧向罗马进贡，罗马宫殿里，官员忙忙碌碌，似乎都在为国事操劳。

但是罗马的内在千疮百孔，已经无药可医。

首先，无论怎样，罗马只是一个城邦。虽然它很强大，但是它的确没有足够的实力可以统治全世界，而罗马人却有这个理想，为此，他们多年的出征让他们损失了大量的年轻人。第二，罗马的大部分农民变成了奴隶。农民本该是这个城邦的自由子民，但是因为生活所迫，他们不得不沦为奴隶，低下卑微地生活着。

渐渐地，罗马原先的那种国家凝聚力开始丧失。生无所依的奴隶们为了寻求精神上的依托，听从了保罗所讲的信仰，把拿撒勒人当做自己的救世主。他们认为在现实生活中反抗是毫无意义的，一切都是主对人的安排，是主要人在世间经受足够多的苦难，才能救赎自己。所以，他们对帝王要去出征、要去讨伐毫无兴趣，压根就不会去配合，他们一心一意只想着能尽快进入天国。而罗马政府内部也是硝烟四起，公元二三世纪，帝王的更替速度非常快，帝王坐上皇位，需要为自己安插大量的卫士在身边，因为觊觎皇位的人非常多，一不小心，帝王就会被人谋杀。往往帝王们位子还没有坐热，就死于非命了。

更要命的是，罗马在北方的边疆受到骚扰，那些北方的

部落时不时就要冲进罗马城内。后来没有办法，罗马人只好同意让一部分外族人进来，但是这些进来的外族人没有就此罢休，他们认为罗马带走了他们的财富，经常扬言要把这些财富统统都拿回来。

罗马的君主越来越愁眉苦脸。到了公元323—337年，担任罗马帝王的是君士坦丁大帝，他想来想去，认为这一切的祸乱都是因为国都定得不好，所以他决定建立一个新的首都。最后，这个新的首都建在拜占庭。拜占庭处在亚洲和欧洲之间，是个贸易场所。拜占庭被定为首都以后，改名为君士坦丁堡。后来君士坦丁大帝去世，他的两个儿子将罗马分为两个部分掌管，以君士坦丁堡为界，哥哥统治西部，弟弟统治东部。

公元400年左右，匈奴人开始进攻罗马，直到公元454年，匈奴人才被罗马人制服。期间，因为匈奴人抵达了多瑙河，对哥特人造成了威胁，哥特人为了保全自己，唯有派兵侵略罗马。罗马当时的帝王瓦伦斯想要抵抗，但是不幸被杀。后来，西哥特人再次侵略罗马，把城内的罗马宫殿毁坏。不久后，又来了汪达尔人，他们毁坏了更多罗马城内的名胜古迹。汪达尔人来了以后，罗马继续遭受了一系列外国人的侵略与欺辱。

公元475年，日耳曼的一个指挥官名叫奥多亚克，他盯上了意大利的土地，打算和手下一起把它揽入怀中。他们强

迫西罗马的最后一位皇帝让出帝位，然后奥多亚克自立为王，统治西罗马。而本来东罗马就已经处境危险，根本无暇去顾及西罗马，所以对于奥多亚克的自立为王，也不能说什么，只好默认。

后来，一个名叫奥多里克的东哥特国王派兵进攻西罗马。他在饭桌上把奥多亚克杀死，然后在西罗马的土地上建立起了哥特王朝。但是大概在公元600年的时候，这个哥特王朝也被外国人灭掉了，这些外国人由巴德人、撒克逊人、斯拉夫人等组成。他们新建立起一个国家，定都在帕维亚。

就这样，罗马在无数次的欺辱与动乱中，失去了往日的风采。坚固的宫殿被烧毁，教书育人的学校被撤除，曾经的富人被赶出自己的房屋，公路上变得坑坑洼洼，一切的商业来往都已经停了。到了后来，罗马的语言被希腊的所取代。

如果不是因为有人刻意地去保存欧洲文明，欧洲文明恐怕早就彻底地消失了。而那些刻意去保存欧洲文明的人，是基督徒。

第二十六章

基督教在罗马

很多罗马人对神庙上摆放着的神灵并不是很在意。在他们看来，那只是先祖崇拜的东西，跟他们没有直接的关系。因为他们是受过雅典哲学文化教育的，对于主神朱庇特、智慧女神密涅瓦等奥林匹克上的大神，他们在心里都敬而远之。偶尔，他们也会去参加一些游神的仪式，那也不过是风俗所驱。

在罗马，存在着各式各样的宗教，这主要是因为罗马人对宗教的态度很宽容。你可以信教，也可以不信教；你可以信朱庇特，也可以信观音菩萨。一切的主张都在于你自己。但是，政府也会有自己的特殊要求：信什么或不信什么是你的事，但是你一旦踏入神庙，对着以前皇帝的雕像，你必须

行一个礼。政府想以此来培养公民对帝王的崇敬之心。效果怎样，我们在这里姑且不论。

罗马这个宽松的宗教氛围为基督教在该领土的传播打下了一个非常良好的环境基础。当时，在罗马的大街小巷上，到处都是各国传教的布道士，罗马人偶尔会在走过的时候停下来，听一听他们所传播的“福音”。当时那些宗教几乎都拿捏好现世人们的心理，它们宣称，只要成为它们的子民，它们就会给你带来幸福和金钱。但是基督教却和它们都不一样。基督教极少会提及世俗中的金钱和地位，基督教的传教士一再强调的，是人本性中的善良、同情与怜悯。他们说人世间一切的繁华与成功都是短暂的，这样的东西并不能给人带来永久的安乐。罗马人一下就被这种奇特的说法吸引住了。

罗马深入了解基督教，才知道在基督教中，如果你拒绝接受上帝的存在，拒绝接受基督教的信仰，那么，你将会有一个十分悲惨的结局。罗马一听就慌了，有些事情宁可信其有不可信其无呀。他们不了解那些一直都住在他们神庙中的神灵，如果跟这个亚洲的新神打起来，不知道能不能打得赢。为了谨慎起见，罗马人抱着半信半疑的态度跟在那些基督教徒后面，发现他们果真跟其他的传教士有很大的不同。他们不慕虚荣，不爱名利，凡他们拥有的，都愿意慷慨相送。他们对待穷人是这样有耐心、有爱心。这震撼了罗马

人。一切不为自己谋利益的单纯做法，都往往能让人放下戒备之心。渐渐地，罗马人开始参加一些基督教的礼拜，并且因此而冷落了那些神庙中的大神。

罗马的基督教徒就这样日复一日地多了起来。到了后来，每个教堂都需要选举出一名神甫来照看教堂，每个省份都会有一名大教主来管理整个省份的教会事务。罗马的第一任大教主是彼得，他的那些继承者后来被叫做教皇或者神父。教会的势力越来越大，很多对现实世界没有信心的人成为它的子民，还有那些有能力却无法在罗马政府中谋得一官半职的人们也投靠到教会中去。罗马政府变得有点紧张，它以往都是提倡所有的宗教流派要和平相处、共同发展。而现如今，基督教却孤军突起，一枝独秀。除此之外，基督教具有强烈的排他性，他们认为只有他们的神才是真正的神，其他教派中的神都是糊弄人的假货，这种说法得罪了其他教派，引起了对峙，但是基督教始终都不肯改变自己的言论。教派之间出现的这种对峙引起了罗马政府的注意。到了后来，基督教徒公然拒绝去敬拜神庙中的皇帝，并且拼死不肯参军。罗马政府感到自身的权威受到了侵犯，打算惩罚一下基督教。但是基督教徒对此毫无畏惧，他们对于死有一种归去的喜悦。罗马政府对此感到不解，后来也就不了了之了。

这个时候的罗马，正遭受其他部落的侵犯，罗马人屡屡在军事上输得一塌糊涂。相比之下，基督教在这个时候取得

了比较辉煌的成就。他们派出传教士应对这些战争，传道士正色指责条顿人的野蛮与霸道，预言他们将会在死后面对怎样惨不忍睹的审判。条顿人被基督传道士的这套言论吓坏了，因为基督教徒的信仰是如此有系统并充满了坚不可摧的力量。在很短的时间内，基督教就收获了条顿和法拉克地区的大量教民。基督教阻止了很多场战争的发生，一个传道士的力量甚至顶得上一个军团。

到了公元 450 年左右，罗马的执政者是君士坦丁大帝——哦，人们这样叫他真是抬举了他，因为他是一个大笨蛋，没有什么才能，花花肠子倒是特别多。在他的执政生涯中，他经历了很多风风雨雨，有好几次都差点死在帝位上。有一次，他又遇到了外兵的侵犯，他无计可施，急得如热锅上的蚂蚁。正在这个时候，他突然想起了基督教里的耶稣。于是他向耶稣求助，他发誓，如果这次战役能打败敌军，他从此以后就投靠到基督教的怀抱中。结果他真的赢了。于是他就改信了基督教。就这样，罗马政府从正面承认了基督教，基督教的地位得到了一个质的飞跃。

基督徒们并没有因此就停下了脚步，他们对基督徒的人数感到不满意，因为基督徒的总人数还占不到全国总人数的百分之六。于是，基督教的态度变得更加坚决，他们坚持不肯承认除了上帝以外的任何神灵。只有在朱利安皇帝时代，奥林匹克上的神祇才被重视了一段时间，不过朱利安死了以

后，接下来的皇帝又马上把基督教会的地位抬上来。罗马原先的神庙一间间地被关掉了，后来连柏拉图建立的雅典哲学院也办不下去了。由于基督教控制了越来越多人的思想，自由思考、自由崇尚的时代渐行渐远。教会直接告诉人们应该做什么，人们变得越来越懒于去做决定。

在公元509年的时候，基督教会中出现了一个很重要的人物。他叫做格列高利，是罗马的贵族，人们都希望他能做罗马的市长，但是他却对当市长毫无兴趣，而是选择加入基督教，并且成为了主教。后来，他当上了圣彼得大教堂的教皇。他是一个很有作为的教皇，在他统治的14年间，罗马的基督教教会蒸蒸日上，到他逝世的时候，他已经成为了基督教会中最高的统治者。

但是，在东欧，基督教的实力没有很大的发展。1453年，罗马帝国的最后一位皇帝坦丁·帕莱奥洛格被土耳其人杀死在大教堂里，而在几年前，他的弟弟托马斯把女儿嫁给了俄罗斯的国王伊凡三世。所以莫斯科大公就继承了罗马皇帝的位置。沙皇并不重视基督教会，他追求的是重现亚历山大大帝时代的文明。

这一章我们就讲完了，在下一章里，我们会看到基督教受到了外来严重的冲击。这些冲击来自谁呢？基督教会有怎样的变化呢？

第二十七章
穆罕默德的故事

公元7世纪，闪米特部族的阿拉伯民族向西方世界出发。就是这些阿拉伯人后来成为基督教会的对峙力量。一开始的时候，他们没有任何野心，没有想过要去侵占哪个地方，他们平静地过着牧羊人的生活。但是后来，他们信仰了穆罕默德，才告别了从前的平静，走上了战场。然后在不到一百年的时间里，他们的军队一直打到了欧洲的中心，向法兰西的人民宣讲他们的宗教信仰，把真主安拉的福音带给他们。

现在，让我们来了解一下穆罕默德。他的故事布满了传奇的色彩。他的父母是阿卜杜拉和阿米娜，父亲在他没有出生之前就去世了，母亲在他很小的时候也离开人世，他由祖

父母带大。他在麦加出生，本来只是在沙漠上赶骆驼。相传他患有癫痫，一到发病的时候就不省人事，醒过来的时候他对别人说他做了很多奇离古怪的梦，在梦里，天使长加百列对他说过话，这些事情在《古兰经》里都有提到。穆罕默德认为信奉一个神灵才是明智的，信奉两个以上的神灵会让人思想混乱。据说，有一天他在山里冥思苦想的时候，突然听到直主安拉底下的天使对他讲话，天使说他是安拉派到人类地球的最后一名使者。穆罕默德从此归于安拉的门下。那时候，阿拉伯人膜拜的不是神灵，而是一些石头和树干，或者是另外一些古怪的东西。穆罕默德认为自己应该带领阿拉伯人走出这种信仰的懵懂期，他把自己当做先知。

为了可以没有经济负担地当先知，穆罕默德娶了一名有钱的寡妇做妻子，她叫查荻亚，比他大了 15 岁。穆罕默德开始在麦加宣传自己的教义，宣称自己是安拉所派，全世界的人都应该信奉真主安拉。但是因为他出身卑微，名不见经传，麦加的当地人们把他当成是疯子，想要把他杀死。公元 622 年，穆罕默德不得不逃跑，连同他一起逃跑的还有他的好朋友阿布·贝克尔，后来阿布·贝克尔成了他的岳父。这一天成为了伊斯兰教最值得纪念的日子，也即是“海吉拉”日，“海吉拉”就是大逃亡的意思。

穆罕默德和阿布·贝克尔逃到了麦地那，麦地那是穆罕默德的福地。在那里，他宣传伊斯兰教获得了空前的成功，聚集在他周围的人越来越多。信奉伊斯兰教的子民都有一个称呼："穆斯林"，意为顺从神旨。七年以后，穆罕默德的实力已经足够了，于是他带着一支由麦地那穆斯林组成的队伍气势昂扬地打回了家乡。那些昔日嘲笑穆罕默德的麦加人大吃一惊，没多久，他们就全部都被穆罕默德征服。很快地，麦加的人也全部都皈依真主安拉。

此后，穆罕默德似乎真有神助，只要是他想做的事情，都能完成。伊斯兰教很快就在多个地区兴起了，并且，它参与的战争大多取得了胜利。

穆罕默德传达的关于真主安拉的教义一点都不复杂。他只要求他的信徒做到以下几点：要爱真主安拉，要孝敬父母，不能欺骗，对贫苦病弱的人要怜悯，还有一点是，不能饮用烈酒和浪费食物。伊斯兰教信奉简约原则，他们没有专门的牧师，而基督教有牧师，还要求基督教徒去供养这些牧师。穆斯林也有自己的教堂，叫做清真寺，但是他们的教堂只是简单地用一些大石头建起，布置简单，甚至连一张凳子都没有，伊斯兰教的信徒可以席地而坐，在里面讨论教义。伊斯兰教教徒对于形式并不看重，他们不认为只有在教堂中才能表达对真主安拉的敬仰。在一天的时间里，他们不拘泥于何时何地，但会五次朝着麦加圣城的方向行穆斯林的仪式。信仰是像自己的影子一样始终伴随的东西，穆斯林这样认为。他们对于现世不作过多的努力，只求一切顺其自然，

安拉会自有安排。

因为穆斯林的这种生活态度，所以他们是不会发明什么高超的科学产品的，他们不会想去制造火车或者是梦想航行在天空中。但是他们能感觉到内心的平和与安定，对于自己遇到的任何事情都能坦然面对与接受。

伊斯兰教在与十字军搏斗的战场上总能获胜的原因也恰恰是穆斯林的这份生活态度。穆斯林战士的心态与基督教徒士兵的心态是不相同的，穆斯林战士相信，如果他们在战场上英勇作战而死，那么他的灵魂会直接到达天堂。因此，穆斯林战士不畏惧死亡，他们只求英勇杀敌，为信仰捐躯，直达安拉的身边。但是那些基督教徒想的是另外一码事，他们害怕死去以后会下地狱，一心一意想继续留在尘世，继续享有今生今生的所有一切。首先，基督教徒在心理上就输给了穆斯林。直到今天，穆斯林战士仍然是部队当中最厉害的角色，他们冲锋陷阵，置之死地而后生。

渐渐地，穆罕默德建立起了自己的宗教王国，掌握了很多阿拉伯部落的统治权。古往今来，人们都很容易被胜利冲昏了头脑，特别是那些本来贫苦的人，一旦有了权力，就可能会在不知不觉中背离自己的初衷。穆罕默德也是如此。他获得了权力以后，开始颁布法律，这些法律明显偏向于那些富人阶层。比如，他规定，穆斯林最多可以娶四位妻子。按照穆斯林的传统，男方娶妻子等于是向女方的家庭购买，需

要支出一笔很大的财富。只有那些拥有很多骆驼和椰枣园的有钱人才有能力娶几位。但是一直以来，穆斯林一般都是娶一位，法律颁布以后，有了法律作依托，很多富人就开始娶几位了。所以穆罕默德的这部法律实质上是为富人服务的，他想拉拢富人。这样的法律背离了他想帮助沙漠中穷人的初衷。

公元632年6月7日，穆罕默德在麦地那去世，享年63岁。

穆罕默德去世以后，接替他位置的是他的好友兼岳父阿布·贝克尔。但是阿布·贝克尔在位不到两年就去世了，欧玛尔·伊本·卡塔布继承了他的位置。欧玛尔·伊本·卡塔布一上台，就开始带兵攻打埃及、腓尼基、叙利亚、波斯和巴基斯坦。他建立了第一个伊斯兰帝国，这个帝国具有世界性，定都大马士革。

过了很多年后，伊斯兰教的帝王在巴比伦废墟附近建立了一座崭新的城市，它就是现在的巴格达。阿拉伯骑兵的编制被改为正式的骑兵团，这个骑兵团为了传播安拉的福音而出征他乡。在公元700年的时候，穆斯林一个名叫塔里克的将军率兵去到了欧洲，在西班牙海岸登陆，他将登陆的地点起名叫直布罗陀。过了11年后，塔里克击败了西哥特，继续挥师北上，后来又击败了试图阻挠他的阿奎塔尼亚大公，直接向巴黎进发。但是就在穆罕默德去世一百周年的时候，

穆斯林军队却在与普瓦捷的战役中失败了。也就是在那一天，法兰克人号称铁锤查理的首领把穆斯林军队赶出了法兰西，救出了欧洲。但是不屈不挠的阿拉伯人在西班牙停驻下来，等待新的时机。他们在那里建立了一个新的国家，名叫科尔多瓦哈里发王国。这个崭新的小国家在中世纪的时候成为欧洲最繁荣的科学和艺术中心。

穆斯林统治西班牙差不多有七百年，这个王国被叫做摩尔王国。到了 1942 年的时候，穆斯林真正结束了他们在欧洲的统治。也就是在这一年，我们亲爱的哥伦布在西班牙皇室的帮助下，出发寻找新大陆。但是过不了太久，穆斯林又卷土重来，那时候，他们已经在亚洲和非洲取得了非常大的胜利。

现如今，穆斯林已经发展得差不多拥有和基督教一样多信徒了。

第二十八章
法兰克与罗马

在上一章，我们提到了法兰克的一个首领铁锤查理。在这一章中，我们继续来讲讲他的故事。

首先，我们先理清楚法兰克和罗马之间的关系。

我们的眼光再次回到罗马，读者们应该都记得，罗马的实权已经掌握在基督教会的教皇手中了。教皇虽然拥有极大的权力，但高处不胜寒。他害怕远处那些野蛮人突然有一天会冲进罗马城去要他的命，他也害怕当敌人兵临城下的时候，他的军队溃不成军。为了保险起见，这位胆小却精明的教皇想到，必须要找到一位盟友。这位盟友能在罗马遭遇危险的时候挺身而出，并且要有铁兵铁将。

说做就做，教皇马上开始寻找最佳盟友。不久，他们就

把目光落在法兰克人身上。法兰克人属于日耳曼部落，很多年来，他们一直统治着欧洲的西北部。在公元451年，他们曾经帮助过罗马击败匈奴。从此以后，他们就一点点地吞噬罗马的土地，到了公元486年时，他们公然侵略罗马。但是后来，皇帝的后代子孙懦弱而无能，国事全部交给了“宫廷总管”去打理。矮子丕平的父亲是非常著名的宫廷总管查理·马特，父亲去世以后，他继承了父业，但是他的野心比父亲大得多。他看到当朝皇帝无能，有意取而代之。于是他跑去问教皇对当朝皇帝有什么看法。教皇知道他的意图，选择了支持他，就说国家的权力应该交到有能力的人手中。丕平一听，知道教皇站在了他这一边，便开始实施逼退行动。他恩威并用地劝说国君蔡尔特里克出家做和尚，蔡尔特里克答应了。然后他跑去日耳曼各大首领那里游说，最后获得了他们的一致同意。于是，他就轻轻松松地自立为王了。但是，这个谨慎的矮子，想到如果只是这些人支持他，还是远远不够的，要想让全国上下的人都服从他，需要宗教信仰的赐名。于是他请来了欧洲西北部最有权威的教皇博尼费斯，让他给自己加冕。博尼费斯欣然答应，并在加冕仪式中加上了“上帝恩许的国王”这几个字。这几个字像是一个印一样盖在了矮子身上，他的出身一下子变得高贵起来。

为了感谢基督教的支持，丕平帮助教皇开展战争，并且

向教皇献上掠夺而来的土地。后来丕平去世了，换成了一个整日将国都搬来搬去的皇帝。教皇和这位法兰克皇帝的交情也特别好。到了公元768年时，查理曼大帝登位，他为了解救那些被摩尔人欺辱的欧洲人，派兵进攻西班牙，过程十分曲折。后来，教皇三世被一群罗马的流氓袭击，他带着伤口逃到了查理曼的军营。查理曼答应为他出头，马上派兵镇平了罗马市里的骚乱，然后用军队护送他回到拉特兰宫。在第二年，教皇三世邀请查理曼出席他们的圣诞节庆祝仪式。在仪式上，教皇三世把一顶王冠戴到了查理曼的头上，册封他为罗马的皇帝，封他为“奥古斯都”，这是一个至高无上的荣誉称号。

查理曼去世以后，他的子孙后代为了皇位自相残杀。国家被瓜分为东西两大部分。查理曼头上的王冠后来落到了意大利平原上，小领主们为了夺到它而陷入了无止境的打斗中去，意大利的局势动荡不安。为了平息这一切，教皇八世不得不向外求助。但是这次教皇求助的是撒克逊王子奥托，因为在当时，奥托被认为是日耳曼部落中是最有魄力与实力的。奥托一直都觊觎意大利蔚蓝的天空和肥沃辽阔的领土，所以他马上答应教皇的要求出兵。后来为了感谢奥托，罗马教皇把奥托册封为“皇帝”。就这样，查理曼王国的领土有一半被叫做“日耳曼民族的神圣罗马帝国”。

这种奇怪的称呼直到 1801 年才被一个人取消，这个人的父亲是一个公证员，他曾经一度成为欧洲的霸主。这个人就是拿破仑。拿破仑身材矮小，教皇却只能眼睁睁地看着他自己带上王冠，并且听他自诩为查理曼大帝的后继人。

历史犹如人生，看似变化无常却是万变不离其宗。

第二十九章
北欧人

日耳曼人在很长的一段时间里都充当着进攻者的角色，他们习惯了去攻打别人，所以到了公元 800 年，轮到他们被别人打时，他们感到十分愤怒。

攻打日耳曼的人是他们的邻居，而且还是他们的近亲，他们就是北欧人，一直以来，这些北欧人都生活在瑞典、丹麦和挪威。他们本来是勤劳潇洒的水手，但是他们却在后来当上了强盗，这中间发生了什么，我们不得而知。我们只知道这些北欧人当上强盗以后，越当越上瘾，时不时就去袭击河岸边的法兰克人和弗里西亚人的一些小村落。他们所到之处，男人皆被杀光，女人皆被带走，等到那些皇帝的军队气喘吁吁地赶到时，他们早就乘风破浪而去。将士们只能看着

他们模糊的背影跺脚。

后来，这些北欧人的强盗行为越来越嚣张，欧洲任何一个沿海国家的地区都遭受过他们的抢劫，他们还在法国、英格兰、荷兰还有德国的海岸线上成立了许多小国家，这些小国家都是独立的。到了公元1000年，北欧海盗罗洛率领他的手下屡次侵犯法国的沿海线，法国的国王防不胜防，最后想出了一种无奈的做法，把他们纳为“良民”，只要他们答应再也不侵犯法国人的安定生活，就把诺曼底地区送给他们。罗洛欣然答应，于是他成为了“诺曼底大公”。

但是，北欧人侵犯别人的欲望却没有因此而消停。欧洲大海的对岸是英格兰，那里有碧绿的田野和耸立的山崖，它们发出美妙的气息，深深地吸引着北欧人。当英格兰最后一个国王死去却没有继承人的时候，诺曼底大公等到了最好的时机，他马上率领部队横渡大海，直达英格兰，然后打败了刚刚登上皇位的威塞克斯亲王哈洛德。他做上了英格兰的国王。

真实的历史已经如此精彩纷呈，我们又何须再读什么神话呢？

第三十章
封建制度

好了，现在，我们来谈一下公元 1000 年的欧洲历史。那时候，大部分的欧洲人都活得很痛苦，在这种情况下，很多人在传言世界末日就要来临，这种谣言使得很多欧洲人出家做僧侣，希望因此而能在世界末日那天回到上帝的身边，而不是下地狱。

在这个时候，有一些日耳曼人离开了家乡，向欧洲迁徙。西罗马被他们攻占，东罗马因为地理位置不处在他们迁徙的路线上，才得以逃过一劫。历史上，公元 600—700 年是欧洲最黑暗的时期，后来，日耳曼人信奉了基督教，把罗马的教皇当做是自己的精神领路人。到了公元 900 年，查理曼大帝以非凡的魄力重振了罗马帝国，同时把西欧的大部分

土地都合为一体。但是一百年过后，罗马帝国再次被分裂，它的西半部分独立为一个国家，名叫法兰西，而东半部分就成了我们之前讲过的“日耳曼民族的神圣罗马帝国”。法兰西国王的权力只够他勉强地统治自己的国家，而神圣罗马帝国的国王则常常需要应对臣子们的公然反对。

不得不承认，罗马真正的辉煌期已经一去不复返，时事很乱，国王的能力无法顾及边疆的人民，所以只能派去一些长官，让这些长官来统治边疆。于是，在边疆地区就出现了各种各样的领地，通常是由伯爵、公爵、主教大人或者是男爵等去管理，这些领地连同它们的管理者都是独立的，管理者可以在这些领土上行使类似于国王的权力。这些管理者都承诺对国王忠心，定期向国王上缴税费，在关键时刻，承诺为国王挺身而出。

这就是形成了封建制度。

公元 1100 年，人们对这种封建制度表示极大地欢迎。因为这种制度保护了他们的权益。我们现在可以看到在欧洲那一片地方耸立着许多石头城堡，在那时候，这些石头城堡里面都住着管理那片土地的首领。这些石头城堡所建的位置都十分险要，有时候是在悬崖峭壁上，有时候是在护城河的旁边，反正都受到自然环境的天然保护。但是这些石头城堡所在的地方，都是当地的子民看得到的地方，一旦有外来侵略，当地的子民可以跑到这些石头城堡避难，城堡的主人有

义务为当地的子民提供庇护。后来，搬迁到城堡附近的居民越来越多，就形成了城市。如今欧洲的很多城市都是来源于此。

边疆地区的领主们要管理的事情非常多，他们要抓盗贼，也要审判案件，要对商人进行保护，也要修水坝，对于教堂与修道院也要多加维护。他们是身兼数职的超人。但是到了公元 1500 年的时候，国王的权力又强大起来，于是把这些领主们的权力统统收回，他们一下子变成了平淡的乡绅。时代将他们淘汰，他们不再受到当地居民的欢迎，相反，人们开始厌恶他们。但是，如果不是因为曾经有了他们，欧洲子民会很难度过那段最黑暗的时期。虽然在他们当中也出现过很多败类，但是总体而言，他们为居民所作出的贡献还是很大的，他们大多尽职尽责，推动了历史的进步。可以说，如果不是因为他们，欧洲的文明极有可能会在那段黑暗的日子中消失殆尽。

第三十一章

皇帝与教皇之间的战争

在这一章中，我们要讲述的，将是中世纪的一些故事。

中世纪的人们过着一种简朴平凡的生活。那时候的居民，可以想去哪里就去哪里，人身较为自由，但是人们一般都不会去太远的地方，都会安于一隅。他们的阅读物很少，只有几本手抄本，下一代的文明教育主要是由几个僧侣完成，但是这几个僧侣顶多也只是教孩子们一些读书、写字的方法，还有简单的算术。那些古希腊和古罗马的先进科学知识全部都被埋没了。

在人们的读物上，极少会有关于历史的记录。人们对历史事件的了解，大多是通过口耳相传，出奇的是，历史的原貌基本都被保持了。到了现在，如果一个印度的妈妈要吓唬

她大哭的孩子，还会说：“还哭还哭，亚历山大大帝要来抓你了！”

古罗马在中世纪人的心中，是一个遥远的国度，关于它的事情，人们知道得很少，但是这不妨碍古罗马成为中世纪人向往的古都，教皇依然是他们的精神领袖。所以当后来的皇帝主张要恢复古老的罗马传统时，他们都举手赞成。但是，出现了让中世纪的子民为难不堪的局面。

那时候，一个国家有皇帝与教皇，皇帝主要统管子民的世俗物质生活，而教皇负责引导子民们的精神道路。本来这分工是井水不犯河水的，但是到了后来，皇帝想要去干涉灵魂的事情，教皇则想要去管理衣食住行，他们两个彼此不让，吵起了架，吵着吵着，终于爆发了战争。战争爆发以后，普通老百姓就伤透了脑筋。因为在基督徒的教条里面，基督徒既需要效忠皇帝，也必须服从教皇，而现如今两个人打了起来，老百姓站在哪边都是错的！

于是，教皇出来下了一道命令，说如果有人胆敢违背教会教义，无论是皇帝还是跟随皇帝的人，都要被开除出教会。这样一来，国土上的很多教堂都会被关闭，出生的婴儿不能受洗礼，临死的人也没有神父给他们举行忏悔仪式。如果是这样的话，那么政府里有一半机构是要停止运转的。

但是如果基督教徒听从了教皇，站在教皇那一边去反对国王，万一不小心被国王抓到，分分钟都是要处以极刑的。

这是丢脑袋的事情，基督教徒们不敢轻易作选择。

在这种左右为难的生活中，人们挣扎着生活了很多年，到了中世纪后半叶的时候，当时的德国国王亨利四世和教皇格里高利打了两次大仗，人们夹在中间，艰难程度达到了最高峰。并且这次战争让欧洲在混乱中度过了 50 年。后面我们会讲到这次战争。

到了十一世纪中期的时候，教会出现了一系列强有力的改革运动。其中最突出的改革是教皇的产生方式。在之前，教皇的产生没有统一的方法，皇帝为了自身的利益，都希望认同自己的人坐上教皇的位子，所以每当教皇选举的时候，皇帝就要站出来干涉选举，支持站在自己这一边的人。但是这种情况在公元 1059 年得到了改变，教皇尼古拉二世下命令组建了一个红衣主教团，这个红衣主教团由教会的主教和执事组成，由他们来决定谁当选教皇。

在公元 1073 年，红衣主教团选出了新的教皇——格列高利七世。格列高列七世出生在意大利的一个平凡之家，他才能非凡，有野心，极具魄力，他认为教皇的地位应该是至高无上的，任何的职位都不能超越它，包括皇位在内。他认为教皇有权力去决定谁来当皇帝，对于国家的法律，教皇也有权力去支持或者否认，如果皇帝不服从教皇，那么教皇随时都可以把他撤掉。他颁布了这样的法律，向所有欧洲的宫廷派出使者，让他们向各国的皇帝解释新法律。很多国王只能乖乖听话，但是也有例外，比如亨利四世。他从六岁时就开始东征西讨的生活，不打算服从教皇。他把那些心里对教皇有怨言的主教聚集到一起，控诉格列高利的罪行，指证他“犯下了不可饶恕的罪”，然后宣布把他废黜。

格里高利马上给出了严酷的回应，他立刻将亨利四世清除出教会，指令德国的大臣们把他推翻，那些大臣们求之不得，听从格列高利，邀请他前往德意志，为他们选出一位新的国王。格列高利收到邀请后，立刻从罗马出发，前往德国。亨利四世听闻了风声，知道眼下的情况对他很不利，为了安全起见，他不得不马上去跟教皇重修旧好。那时候正是寒冷的冬天，亨利独自一人冒着大雪翻越了阿尔卑斯山，赶到教皇下榻的城堡，但格里高利根本不想见他。于是，他守在教皇的门外三天三夜，不吃不喝，以表示自己极大的悔恨之意。格里高利终于被他打动，开门接见了他，并且宣布原谅他之前的罪过。然后格列高利就返回罗马了。

但是，亨利四世的悔过只是权宜之计，他心中从来不认为自己有任何过错。回到了德国以后，他变本加厉地反抗格列高利的法令。于是，格列高利马上又将他开除出教会。亨利四世强硬对抗，也立即召开了第二次废黜教皇的会议。然后，亨利四世第二次翻越了阿尔卑斯山，只不过这一次，他是带着一大支部队前来的。他下令包围了罗马城市，逼迫格列高利退位，然后流放他，格列高利在流放的途中死去。

但是皇帝与教皇的这次战争并没有解决任何问题，亨利四世在后来与新的教皇又进行着新一轮的交锋……

冤冤相报何时了，教皇和皇帝之间的斗争时不时就爆发一次，但是战争并不能解决实质问题。幸运的是，随着时间的流逝，或许也是双方都感觉疲惫了，他们渐渐地摸出了相处之道，开始恢复到原来井水不犯河水的状态。公元1278年，德国新的皇帝选出来了，他就是鲁道夫。但是他不想按照旧传统赶去罗马举行加冕的仪式，千里迢迢的，他实在懒得去了。教皇对此也没有多加非议，但是他咽不下自己心中那口气，逐渐疏远了德国。但也仅此而已。

人们期待已久的和平终于到来，但是在这中间，消磨了整整两百年的时间。而这两百年的时间本来可以用来促进经济的发展和科学的发展。

在这两百年的动乱中，也不是没有得益者。得益最大的是意大利里的诸多城市。这些城市在教皇和皇帝的对立中采取了中立的态度，哪一方都不招惹、不反对、不支持，当教皇和皇帝都忙着打仗无暇顾及它们的时候，它们悄悄地发展自己，壮大自己。后来十字军东征，它们又抓住了这个契机，大发战争财。所以当一切都平息的时候，这些城市已经和最初不一样了，它们已经有足够的财富可以笑傲江湖，教皇和皇帝的脸色，它们已经不需再看。

鹬蚌相争，渔翁得利，意大利城市是中世纪的得胜者。

第三十二章

十字军东征

三百年间，基督徒和穆斯林之间都和平相处。在欧洲，他们以西班牙和东罗马帝国为界，井水不犯河水。在公元700年的时候，穆斯林占领了叙利亚，而叙利亚之前是基督教的圣地，但是穆斯林并没有干涉基督徒的信仰，他们也认可耶稣。在11世纪初的时候，一支土耳其的部队攻占了西亚穆斯林，从此开始统治这个国家，于是，基督徒和穆斯林之间的和平状态被打破了。土耳其人攻占了东罗马的属地小亚细亚。那时候，东罗马的皇帝很少和西方的基督徒打交道，但是这时候不得不向他们求助，他的求助理由是，如果土耳其人把君士坦丁堡攻占的话，战火一定会烧到欧洲。而这个时候，在小亚细亚以及巴勒斯坦沿岸经商的人们开始担

心自己的生意会受到很坏的影响，所以也开始散播谣言，说土耳其人大肆杀害基督徒，是凶神恶煞的暴徒。整个欧洲的平静都被打破了，西方的人们摩拳擦掌想去讨伐这些土耳其人。

当时的教皇是乌尔班二世，他盯上了西亚肥沃的土地，国内正因为连年的饥荒闹出了许多矛盾，如果趁此把西亚的粮食库抢过来，那么很多问题就能够解决了。所以在公元1095年，乌尔班二世发出号召去解放巴勒斯坦，他说那些异教徒统统都是暴徒，犯下的过错是上帝无法容忍的，还说那里有美丽的蓝天与富裕的土地，那里流着奶和蜜。他说这些都是为了鼓动他的子民勇敢地上战场，冲锋陷阵，完成他的心愿。

乌尔班二世的希望没有落空，很快地，欧洲掀起了一股热潮，欧洲子民被这股热潮冲昏了脑袋，纷纷丢下手中的活儿，拿起了武器，向东方冲去。他们没有组织，也没有纪律，全凭心中的一股热气，他们认为自己胸口流淌的这股热气是无往不胜的法宝，土耳其人必定会被打得落荒而逃。但是这些人个个口袋里都没有什么钱，为了生存，他们在路上做起了乞丐，后来又成为了盗贼，最终得罪了乡民，被乡民们杀掉。所以这次的“远征”，其功劳是杀了几个在路上的犹太人，远征队伍刚到匈牙利时就全军覆没了。

经过这次失败，教会终于认识到：热情是要有，但是如

果单单只是依靠热情，那么别说解放巴勒斯坦，就连养活自己都是个空虚的梦。充分的准备与伟大的志向一样重要。欧洲吸取教训，利用了一年的时间重新组建了一支队伍，这支队伍有组织、有纪律，并且经过了严格的训练，装备了武器，大概有 20 万人。统领这支队伍的人是诺曼底大公罗伯特、弗兰德思伯爵罗伯特等几位贵族，这些贵族都有着丰富的作战经验。

于是，公元 1096 年，十字军再次出发，他们很快就到达了东罗马的国都君士坦丁堡，他们向东罗马的皇帝宣誓，一定会把失去的夺回来。然后，他们横渡大海，到达了亚洲，在路上与他们相遇的穆斯林都遭到杀害，他们顺利地攻占了耶路撒冷。攻入城以后，他们把全城的穆斯林全部杀光。正当他们为自己的功劳而高兴的时候，土耳其的援军来到，从他们的手中把耶路撒冷重新夺走。为了报复他们之前残暴的所作所为，闻讯赶来的穆斯林把他们当中的基督教徒也全部杀光。

在随后的两百年间，欧洲人先后进行了七回东征。在多年的东征岁月中，他们渐渐地摸索出了一些经验。第一，如果全部都走大陆的话，路途会非常枯燥无味，大大消减军队的士气。所以最佳的路线是先越过阿尔卑斯山，去意大利的威尼斯或者是热那亚，再从那里乘船去目的地。威尼斯和热那亚因此发展了航运业，他们从需要过海的十字军中获取了

丰厚的报酬，后来还通过这个获取了大量的殖民地。这里我们就不详细展开来说了。

我们还是说回欧洲人的东征。最后结局表明，东征的目的并没有达成。到了后来，人们渐渐忘却了东征的最初目的，参加东征似乎只是锻炼欧洲青年的必要途径与方式。一开始，东征是基于对穆斯林的恨意和对东罗马帝国基督徒的同情，但是到了后来，十字军的恨意转到了拜占庭的希腊人、亚美尼亚人等民族的身上去。因为这些民族常常对他们撒谎，并且对基督徒事业搞破坏。与此同时，他们对穆斯林的恨意与日消减，因为经过接触以后，他们发现穆斯林身上有许多让人折服的优点，对穆斯林开始有心生敬意。

迫于面子，十字军没有把对穆斯林的欣赏在口头上表达出来，他们把这份欣赏暗藏在心中。但是当他们回到自己家乡以后，不知不觉间，却模仿起穆斯林的一些风俗习惯，因为穆斯林的风俗习惯显得那么清新高雅、那么文明有礼。另外，他们还把穆斯林食物的种子带了回去，比如菠菜和桃子，他们大力地栽种这些食物。除此之外，他们还学着穆斯林和土耳其人的样子，穿起了飘逸的长袍。

十字军远征的意义已经彻底被改变了。

从战争的最后结果来看，十字军是彻底失败的。他们经常刚解放城市，这座城市就马上又从他们的手中被夺走。他

们建立了十几个很小的基督国家，但是这些小国家后来都被土耳其人灭掉了。所以说，十字军真正的作用在于让欧洲了解了东方的精神文明，他们的视野被打开了，对生活有了更高的要求。

第三十三章

中世纪城市

中世纪的早期历史实质上是一段拓荒与定居的历史。

那个本来居住在高原地区的野蛮民族后来闯进了罗马的东北地区，并且把西欧大片辽阔的草原占为己有。这些拓荒者并不想就此定居下来，他们的骨子里流淌着四处流浪的因子，安定对于他们来说是一种禁锢、一种束缚、一种虐待，所以他们沐浴在早晨的阳光中，挥舞着牧羊的鞭子，赶着马走在路上。只有走在路上，他们才能闻到自由的香味。只有迁徙，他们才能感知未来的方向。

但是收拾所有的家当，说走就走，需要的不仅只有梦想与勇气，还需要一副强壮的身躯。所以在迁徙的过程中，只有身心真正强大的人，才能存活下来。渐渐地，那些弱者都

在迁徙中被淘汰，这个民族只剩下强者。这些强者对于艺术与美的兴趣不大，弹琴跳舞、唱歌吟诗对于他们来说是毫无意义的活动。如果一个男人会读会写，那么他就会被认为像个女人——这对于当时的男性骑士来说是最大的侮辱。日耳曼的酋长、法兰克的男爵和诺曼底的大公分割着罗马帝国的土地，他们各自为政，根据爱好建立起自己的王国。他们尽职尽责地完成自己的责任，规规矩矩，和遥远的国王保持着友好的关系。这是我们在之前就提到的封建制度。

但是除了这些住在城堡中的贵族首领，其他居民大部分不是农奴，就是长工，他们的命运与生活都跟一般的牲畜一模一样。但是因为他们信仰上帝，他们认为上帝这样安排他们的命运肯定是别有深意，所以他们不抱怨什么。只有当他们被压迫到忍无可忍的地步时，他们才会起来反抗一点点，但是这一点点也不经常发生。所以，聪明的读者，你看，如果我们社会的进步要靠这些农奴和他们的主人来推动的话，那么或许我们现在依然生活在一个陈旧的时代中，生活水平或许还停留在 12 世纪。

亲爱的读者，现在或许你还小，你的耳边可能会经常听到一些这样的话："世界是不会变的"，"进步的未必就是好的啦"，或者是"时代只会越来越坏"。请你不要相信这样的话语。我们人类用了几千万年的时间进化，才发展成我们今天这个样子，如果否认进步，就是否认了前人所作出的一切

努力，要知道，这些努力有时候是要付出许多汗水与血水的。或许，我们现代的生活有许多让人不满意的地方，我们关心工资、交通、健康问题多了点，但是在不久的将来，我们肯定会把注意力转移到更有意义的方面去。

亲爱的读者，或许，你还会听到有人在你面前感叹从前的时代有多好，会有人在你面前提及中世纪的空气都是清新的。哦，他们没有真正闻过中世纪的空气，说的话只是单方面的臆想罢了。当然了，他们还会理直气壮地说："中世纪留下来的那些教堂、城堡和那些艺术品，难道不是无可超越的瑰宝吗？"于是他们会告诉你，现在的时代不如以前的时代。但是真相是不是这样呢？真相是，在那些恢弘的中世纪教堂周边，住满了贫穷的子民，他们的居所破旧不堪，而我们现代最普通的公寓在他们那个时代也堪称宫殿。有人会说，我们现在的空气都被汽油味污染了，的确，在中世纪没有让人受不了的汽油味，但是空气里充满的是浓烈的臭味——没有人去专门负责街道卫生，到处都是堆积已久的垃圾。城堡的邻居是一个猪圈，一年到尾，里面的猪散发出让人作呕的味道。如果你住在中世纪，当你出门去，见到你的一个好朋友，你想拥抱他，但是他身上穿着一件他曾曾祖父留下来的大衣，而你的这个朋友也有一年没有洗过澡了——你确定你真的还想拥抱他吗？

是不是到了这个时候，你才能感受到"进步"给我们人

类带来的美好？起码，你可以每天都享受到香皂所带给你的清爽和干净。

人类进步的转折点，发生在城市。

古埃及、亚述和巴比伦都曾经拥有过几万座城市。古希腊比较奇特，它是一个城邦制国家，它的城市就是一个个小国家。腓尼基发生的一切大小事件基本都集中在它的两大城市里——西顿和提尔。罗马帝国的传奇，其实就是罗马这座城市以及它的“后院”的传奇。无论是文学还是艺术、科学还是建筑，所有一切人类的文明成就都发生在城市。

本来，欧洲已经出现了很多大大小小的城市，但是日耳曼人攻占了罗马帝国以后，城市被铲平，从此就在欧洲这片土地上消失了。欧洲人重新回到了古老时代。到了中世纪，出现了城堡和修道院，在前面我们已经提到，当地的子民为了可以及时得到城堡主人的保护，渐渐地把家搬迁到了城堡和修道院的附近。后来，城堡里的男爵允许这些子民用栅栏把自己的家围护起来。城市又重新形成了。

十字军对城市的生活方式产生了很大的影响。十字军的基督徒把异教徒的很多精神文明带了回去，包括一些风俗习惯。回到家乡以后，他们对物质有了更高的要求，那些小贩本来只是卖一些最基本的生活用品，但是后来根据人们的需求，卖的东西越来越多。生意做大了以后，他们就聘请之前的十字军战士来做他们的保镖。后来，这些小贩敏锐地认识

到，那些从遥远的地方贩运回来的货物其实完全可以在家里生产。于是他们就把自己居所的一部分改造成了生产作坊。就这样，他们就成为了制造商。他们生产出来的商品满足了当地居民的需求，连城堡里的领主都愿意购买他们的商品。一般来说，领主和修道院院长都是用自己的粮食、蜂蜜和葡萄酒来换取他们想要得到的商品。但是对于那些远道而来的买主，制造商就要求他们必须支付现金。这样一来，商人们手中就攒了一些金子，他们在社会中的地位提高了许多。

现代生活中的我们，如果没有货币将寸步难行。我们将坐不了公交车，买不了晚报，吃不上饭。但是中世纪初期的人们极少会看过一块钱币。曾经的那些金币银币统统都埋葬在古希腊和古罗马的废墟下面了。中世纪初期的人们过着一种自给自足的生活，他们在日常生活中，很少会用到钱币，如果有些物品自己家不能提供，他们就会用一些物品去换。但是十字军把这一套秩序打乱了，因为人们的生活不再局限在狭小的范围，之前的那一套根本行不通。打个比方，如果边疆有一个公爵要去国都，路途遥远，他要住宿，那他就要准备一些住宿费，在家的附近还好，他可以直接拿家里的粮食出门交换，但是去的是远方，他总不能带着一包沉甸甸的鸡蛋和一箱子火腿肠上路吧？即使他愿意这么劳累，旅店的老板也不收，他们只接受钱币。所以最方便的方法是带上钱币。那这个公爵去哪里弄钱币呢？伦巴德人可以借给他。伦巴德人是专业的放债人，当公爵去问他们借钱的时候，他们会十分高兴，但是在借之前会让公爵签一份协议，协议里规定，如果公爵不能及时还债，或者此去遭遇不测，一去不复返，那么就要把庄园赔偿给他们。也就是说，伦巴德人要借债人事先用一些不动资产作抵押，他们才会把钱借出去。看上去，伦巴德人的这个要求并不过分，但是实际上，借款的人总是因为这样或那样的原因不能及时还清债款，或者是遭遇了一些不测，所以那些领主的庄园就列入了伦巴德人的名下，他们自己就破产了。

公爵除了可以去伦巴德人那里借款，还可以去找城里的犹太人借，但是犹太人需要公爵支付 50%～60%的利息。公爵嫌利息太贵了。公爵想啊想，突然想起城堡附近的小镇上有些商人，他们手里有钱，而且他们在辈分上算起来是公爵的长辈，公爵从小很受他们的爱护，那么，这个忙他们应该会帮的。于是，公爵让他的秘书给这些商人写了一封信，把请求在信里讲清楚。商人们收到公爵秘书的信以后，左右为难，一方面，他们不好拒绝公爵的请求，毕竟公爵是有身份有权力的人，另外一方面他们想不到借钱给公爵对他们有什么好处。他们不好收取公爵的利息，面子上过不去，而且即便收取利息，这些利息也都是用家里那些农产品来支付的，商人家里农产品本来就多，要更多也没多大意思……不久后，商人们想到了一个办法。他们赶紧回信给公爵的秘

书，约公爵面谈。

当公爵到面谈地方的时候，那些商人们笑容满面地迎出来，并向他鞠躬行礼。然后，他们当中的一个就代表商人们提出了要求：“咳咳，大人啊，借钱给您是我们的荣幸，我们呢，也不想收取您的利息，但是呢，希望您答应我们一个条件。我们到了夏天的时候，都喜欢去河里钓些小鱼，娱乐一下身心，但是大人您现在的法令是不允许我们这么做的，我们希望您能取消这个法令。”公爵一听，感觉这个要求很简单，就爽快地答应了。于是他马上发给他们一张特许状，允许他们去河里钓鱼，然后就拿着钱高高兴兴地走了。可怜的公爵不知道，这等于是出卖了自己的权力。两年以后，当这位公爵从远方回来的时候，他饥寒交迫，身上已经不剩一分钱了，好不容易回到了家，却发现在家门口发现一群人正在悠闲地钓鱼，这些人把他的家门口都快堵住了，他气不打一处来，马上叫管家把这些人统统都赶走。但是到了晚上的时候，商人们就登门造访了，他们拿出了当初公爵发给他们的特许状，提醒公爵这是他两年前同意的。公爵一肚子火气，但是也无处可发，而且眼下，他还打算向这些商人们借一笔钱，因为他在外出期间，向一个大银行家借了一大笔钱，如今这笔钱马上到期该还了，他得借笔钱来填补。那些商人们听了以后，把特许状整整齐齐地叠起收好，然后对公爵说，这事他们要回去好好商量一下，然后就走了。

公爵在家里着急地等了三天，那些商人们又来了。他们同意再次借钱给公爵，但是他们要求公爵给他们签署另一张特许状，允许他们成立一个由商人和自由市民组成的议会，今后城里的事务要交由这个议会来打理，公爵不能过问。这等于是叫公爵完全让出自己的权力。公爵听了非常生气，但是他不得不答应，因为银行家的钱必须要还了。于是他给了他们这张特许状。

当公爵把银行家的钱还掉，坐在家里把整件事情翻来覆去地想的时候，他越想越觉得不对，他立刻带了一群士兵闯进了商人的家，逼他们交出那张特许状，商人只好交了出来，公爵马上用火把它烧掉。围观的市民看到了一切。商人们什么话也没有说。几个月过后，公爵要给儿子娶媳妇了，但是没有钱给礼金，也没有钱办酒席。他向巴伦德人借钱，遭到了拒绝；向犹太人借钱，也没有借到；最后他不得已，再次向那些商人借钱，那些商人们没有借给他。经过上次事件以后，公爵在所有人眼里都是一个没有信用的人。这下，公爵才认识到了事情的严重性。为了修补自己的诚信，他补发了一张一模一样的特许状给那些商人，并且请了公证人来公证这个过程。于是商人们又借钱给他，这次，他们要求公爵允许他们在城市里建造一个“市政厅”和一座塔楼。公爵再次答应了。

就这样，公爵一点一点地让出了自己所有的权力，权力

不再是藏在城堡里，而是由城堡转到了城市里。城堡里的封建首领越来越贫穷，城市的自由市民越来越富有。富有的自由市民收留了那些无处可归的农奴，并且允许他们在当地规规矩矩住满几年以后，就可以获得自由市民的身份。农奴感恩戴德，为城市的发展兢兢业业地作出了许多贡献。自由市民们手里有钱，他们为了让自己的子女获得更多的教育，建立起了学校，聘请了僧侣做老师；他们在城市里添加了一些设施，使人们的生活更加便利。而且，他们还在城市里支持艺术活动。

公爵躲在自己凄凉的城堡中看着外面繁荣的世界，他的肠子都悔青了，他甚至都没有搞清楚自己是怎么一步步到了如此田地的。但是他也只有后悔的份了，因为他没有权、也没有钱，自由市民们已经完全不用看他的脸色。

他们掌握了自己的命运。

第三十四章

中世纪政治

在一开始的时候，所有人都是平等的，后来出现了贫富差异，一切就变得不一样了。这是历史的规律。

富人们有了钱以后，往往有更多空余的时间来管理政治，这样的情况，已经发生在古埃及、古希腊、古罗马和美索不达米亚。那些移民到西欧的日耳曼部族也发生了类似的情况。德意志罗马帝国当时有七八个最重要的王国，当局势渐渐平稳了一些以后，这七八个王国的国王就商议推举出了一名共同的皇帝。按照常理，这位被推举出来的共同的皇帝，应该拥有最高的权力，但是事实相反，他基本没有什么实权，只是一个政治的幌子。那些大大小小的诸侯国依然是各顾各的，国内的大小事务也都是由自己本

国的国王来管理。这些诸侯国里的居民大部分都是农民和农奴，还没有出现中产阶级。后来十字军东征，带来了贸易和商业活动的繁荣，中产阶级出现。而那个时候，国库出现大量的亏空，这导致国王不得不依靠这些中产阶级来解决这个问题，因为在中产阶级手中有大量的财富。当然了，这对于国王来说是痛苦不堪的事情，如果有得选，他宁愿选择去跟一群猪讨论国家大事，也不愿意向中产阶级求助。不过，他别无选择。

英格兰的国王查理是一名狂热的十字军战士，他带着部队去跟异教徒战斗，几乎没有胜利过，但是他依然不屈不挠地在战斗，把国家丢给他的兄弟约翰去打理。这个约翰跟查理真是一对好兄弟，哥哥在战场上一败涂地，他则将国家管理得一塌糊涂。在他管理国家期间，英格兰失去了诺曼底和在法国的大部分地区，然后，他又和老对头教皇英诺森三世吵架，把教皇气得要死，于是就把他驱逐出基督教会。笨蛋约翰这个时候才知道要收敛一下自己的脾气。为了修补关系，在公元 1213 年，他学着亨利四世的样子，上演苦肉计，最终得到了英诺森三世的原谅。

但是一回去，约翰又肆无忌惮，滥用王权，最后诸侯们实在看不过眼了，就把他软禁起来，要他承诺从此以后都不再干涉诸侯国国王的权力，只做好自己的本分。约翰答应

了。于是在公元 1215 年 6 月 15 日，约翰签下了一份保证书——《大宪章》，它主要是保证各个诸侯国的权利与职责，关于农民与农奴的权利没有提及，但是里面的内容多少也保护了商人的利益。

但是约翰似乎把自己的诚信看做是儿戏，他后来对《大宪章》反悔了。幸亏不久以后他就死了，要不然还不知道会惹出多少乱子。他的儿子亨利三世继承了他的王位。亨利三世收拾父亲留下来的烂摊子，不得不重新承认《大宪章》，因为他的好伯伯查理已经在战争中花费了国家巨额财富，他要想办法帮他还债。但是国家的大臣还有那些教皇都无法凑钱给他还债，最后，他只能依靠城市里的资产阶级。

于是，亨利三世征召一部分商人来听他的国家大议会，讨论国家税收的问题，但是，这些来听大议会的资产阶级并不满足于此，不久后，他们也开始干涉国家的政事。后来，这种由贵族、主教和商人组成的国家大议会发展为国会，国会定期举行。从此以后，国家的重大事件，都要先在国会讨论完了以后才能做决定。

这种议会制度在欧洲比较普遍。法国从公元 1302 年开始，就征召资产阶级参加议会，不过大概过了 500 年，这些第三阶级才真正可以通过议会行使权利，之前他们只是去凑个热闹，对国家大事说不上话。当他们可以通过议会来行使

权利的时候，他们为了发泄心中长期的怒气，一下子就把国王、贵族和教主统统都罢免了，他们选举了普通市民做皇帝。在西班牙和日耳曼帝国，平民也能参与到国家议会中去。除此之外，瑞典、瑞士、冰岛、荷兰等国家，城市里的自由市民都开始慢慢成为国家的主人。

第三十五章
文艺复兴

因为国际贸易的兴起，十二三世纪的人们开始有更多闲暇的时间。他们对精神有了更高的追求，城市给人们提供了更明亮的发展舞台，文学、艺术与音乐，开始复兴。那些灿烂的人类文化遗产在黑暗中已经沉睡了太久，是该睁开眼睛看看一个新世界了。

发动文艺复兴的人，是基督教虔诚的教徒。他们对生活的看法与他们的前辈很不一样，因为他们衣服的色彩丰富了、表达的修辞多样了，房子都比以前的坚固豪华。他们的前辈害怕死亡，整日都活在死亡的阴影当中，无尽地猜测死后的世界。而他们这一代，对于死后的生活没有多大的兴趣，在他们看来，抓住现世的快乐与幸福才是最有意义的，

他们只想在今生创造更多的喜悦。

而他们也的确做到了。

很多人会认为，中世纪是一个绝对黑暗的时期，而文艺复兴是结束那段黑暗的光束，他们以为这束光是突然而至的。但是事实上，中世纪和文艺复兴的时间是有重叠的，十三世纪毫无疑问属于中世纪，但是十三世纪却并不是阴沉的黑暗的。让我们来看看中世纪人们的生活吧。

他们会谈论政治和经济，也会谈论诗歌和音乐。当夜幕降临之时，那些游吟诗人和抒情歌者就轮番上阵，向人们讲述故事。那个时期的人们具有一种难能可贵的“国际精神”，因为他们同属基督教会，他们把彼此当做是兄弟姐妹，无论彼此来自什么国家；另外，他们还享有一种共同语言：拉丁语——这是让他们能够畅快沟通的最关键一点。现如今，语言不通成为人类社会发展的一大障碍，而在那时候，这个障碍很不明显。举个例子。十六世纪有一个非常有名的作家，他的名字叫伊拉斯谟，他的作品洋溢着快乐与宽容。他来自荷兰的一个小村庄，但是他写作使用的是拉丁语，所以大部分国家的读者都能无障碍阅读他的作品。如果换在今天，他铁定要用荷兰语来写作了，这样的话，他的读者跟以前比起来会少得可怜。

拉丁语在整个欧洲土地上普及，这主要归功于大学。读者应该能想到，那时候的大学跟我们现在的大学是很不一样的：现代的大学比较死板，而那时候的大学很自由，不受形式和地点的束缚。哪里有老师和对知识有狂热追求的学生，哪里就有大学。让我们来看看中世纪的大学是怎样形成的吧！

如果有一个人，他发现了一个真理，或者是一个自然规律，他会喊出来："啊，我发现它了！我发现它了！大家快来，我讲给大家听！"于是他不断地讲给他遇到的每一个人听，如果人们觉得他讲得有些许道理，就会再讲给下一个人听，下一个人听了以后，很想再亲耳听第一个人亲口讲，于是就会慕名而来。渐渐地，围在这个人身边的人越来越多，听众们有个人带头拿来了笔记本、鹅毛笔以及一瓶墨水，其他人看了以后，觉得这种做法很好，所以也效仿做起笔记来。突然有一天，天下起了暴雨，老师和他的学生就要躲到一个屋子里，在屋子里，老师拍拍衣服上的雨水，又继续讲了起来。学生席地而坐，继续专心地听起来。

大学就是这样形成的。

我们来看一个真实的案例。有一位来自布列塔尼的年轻神父叫做阿贝拉德，在12世纪的初期，他喜欢给人们讲授神学和逻辑学，他讲学的地方一般是在巴黎。人们渐渐听闻了他的名声，从全世界各地而来，聚集到他的门下，听他讲学。除此之外，有一些跟他有不一样看法的神父也聚集过来跟他争辩、讨论，就这样，巴黎聚集了各个国家的学生，在

塞纳河畔就诞生了闻名于世的巴黎大学。后来，巴黎大学出现了内讧，内讧的真正原因难以考察，总之，学校里的一些老师非常气愤，就带着一部分学生离校出走了，他们去了海峡对面的英国，继续在那里讲学——牛津大学就是这样诞生的。

还有一个案例。意大利的博洛尼亚城有一个僧侣，名叫格雷西恩，他想帮助所有想要了解教会法律的人达成愿望，就编撰了一本这方面的教科书。人们听闻以后，都争先恐后涌过来听他讲述其中的内容。学生们为了摆脱那些旅馆、地主、公寓老板的剥削，就组建了一个联合会，后来这个联合会就发展成了博洛尼亚大学。1222 年，博洛尼亚大学跟巴黎大学一样，也出现了内讧，同样有一部分老师对学校的做法很不满，他们也同样带着一部分学生出走了。他们去到了帕多瓦小城，于是，这座小城也有了自己的第一所大学。

就这样，一个个大学在欧洲的各个国家涌现。当然了，在那个时候，那些大学里，老师们所讲述的很多内容，特别是那些关于科学知识的内容，在今天的我们听来是如此荒诞不经。但是，我们关注的不是大学里传授知识的准确性，而是其意义。我们已经看到，中世纪并不是一个彻底的黑暗时期，期间依然有很多人类思维的跳跃与惊奇，依然有灵动与激情。正是由于那些年轻人对知识的渴求，才有了一股热情。正是这股热情，促使了文艺复兴的发生。

中世纪末期出现了一个孤独的身影，这个身影一直到现在都被人们歌颂与追随。他就是但丁。但丁来自一个阿里基尔家族，出生在佛罗伦萨城，他父亲的职业是律师。在但丁还很小的时候，佛罗伦萨城因为分成了两大派而动乱不堪，但丁经常在上学、放学的路上看到两派斗争的事件，地面上总有一摊摊的血。但丁长大了以后，加入了父亲所在的派别，站在教皇这边的奎尔夫派，而另一个派别则是追随皇帝的吉伯林派；后来但丁意识到，如果意大利没有一个统一的皇帝，那么各个城市之间的矛盾会一直存在，所以后来他又改投到吉伯林派。但是到了 1302 年，吉伯林派在两派斗争中失败，被驱逐出佛罗伦萨，但丁也在被驱逐之列。没有任何公正可言的法庭判决他盗窃公款罪名成立，宣布他将终身流放，如果他敢再回来，将会被判决火刑。

从此，但丁就走在了无处可归、四处流浪的人生旅途上。有时候他会得到一些富人的施舍，借此活下去。他孤独、寂寞、悲凉，他想向世人解释他为什么会有当年的政治选择。他想念他的初恋情人贝雅特丽齐·波提纳里，虽然她在但丁被流放之前就已经嫁给他人并且不久之后就死去。无处辩驳也无处倾诉的但丁创造出了一个奇幻的世界，在那个世界中，他清楚地解释了自己、表达了自己，并且说出，是贪婪、欲望和仇恨把祖国意大利变成争权夺利的战场。

但丁写下的这部伟作是《神曲》。但丁把作品的故事设

置在 1300 年，作品虚构了他在复活节前的星期四走在一片茂盛的森林里，在不知不觉中迷失了方向。突然，他被三只凶猛的动物拦住了去路，它们分别是狼、豹子和狮子。但丁面对这些凶徒，非常绝望。正在这个时候，森林里飘出一个白色的影子，他就是古罗马诗人维吉尔，维吉尔同时也是一位哲学家。他告诉但丁，他是但丁的初恋情人贝雅特丽齐和圣母玛利亚请来帮助但丁的。但丁听了内心很受触动，原来他的初恋情人从来都没有忘记过他，哪怕是升到了天堂，依然还在忠诚地守护着他。于是，但丁便跟着维吉尔开始漫游，他们一起穿越了炼狱和地狱，最后到达了地狱的最深处，那是魔鬼撒旦所在的地方。撒旦把地狱的最深处炼成了一个无坚不摧的冰窟，和他在一起的是那些无恶不作的坏人。一路上，但丁和维吉尔遇见了佛罗伦萨历史上的名人，其中有地位显赫的教皇和皇帝，也有勇敢和乐于奉献的骑士，当然也少不了那些以放高利贷为生的商人……各色各样的人聚集在一起，他们有的人还在等待着上帝的宽恕，有的人则连等待的希望都已经破灭。

但丁所讲述的故事，表面看起来很荒诞，内在却是真实而略带沉重的。它就像一本百科全书，13 世纪的浮生百态都包罗在其中。但丁在流浪的过程当中想出了这么多的人物来陪伴他，但是在现实生活中，直到死，他都是孤零零一个人。

正当但丁一步一步地拖着沉重的步子走向死亡之路时，在意大利一个小镇上，有一个婴儿刚刚出生。他的名字叫做弗朗西斯科·彼特拉克。他日后成为一名家喻户晓的人物。

十五岁的时候，彼特拉克被他身为公证员的父亲送去法国专修法律，希望日后可以继承父业。但是彼特拉克对法律毫无兴趣，他父亲越是逼迫他，他越是对法律反感与抵触。彼特拉克真正的梦想是成为一名智者或者是诗人，他对知识与诗歌的热爱超越了一切，所以，他毅然选择了自己的路途，开始到各处旅游。在游玩的过程当中，他抄写古人的手稿。他从弗兰德斯游玩到莱茵河畔，从巴黎游玩到列日，最后游回了罗马。到罗马以后，他又搬到一个偏僻的山谷，住了下来，开始研究与创作之路。他的天赋加上他后天的努力，使得他的才华很快就显山露水，他的诗歌与研究成果都震惊了当时的人们。很快地，他就接到了巴黎大学和那不勒斯国王向他发出的邀请函，被邀请去给学生和市民们讲学。他欣然前往，在途经罗马的时候，他完全没有想到会受到罗马市民们狂热的追捧，原来因为他的作品中时有提到古罗马，而且还整理出了快失传的古罗马手稿，这让罗马居民对他生出崇高的爱意。为了能充分表达出这份爱意，罗马人们授予了他一项在文学当中至高无上的荣誉，给他戴上了诗人的桂冠。

彼特拉克从此享受到了出乎意料的荣誉与赞美。他作品的所有内容都是人们所喜爱与所期待的，那些神学的枯燥的话题再也没有人想去触碰。彼特拉克歌颂了生活的一切美好，爱情、太阳和美景是他描述的对象，对于那些沉重的、阴暗的东西，他不去刻画。生命是美好的，生活是快乐的，沉浸在那些古老的沉重与阴暗中，有什么意思呢？既然生命对于所有人都只有一次，难道不该充分享受这短暂的快乐和幸福吗？彼特拉克所到之处都是掌声。

所以在 14 世纪，意大利人被一股“古罗马”的浪潮淹没了，后来，整个欧洲都为“古罗马”而疯狂。越来越多的人投入到研究“人类”和“人性”的事业中去，他们在这项事业上获得哪怕是一点的成就，人们都给予最大的肯定与赞美，这份肯定与赞美甚至是那些战死沙场的英雄们也未曾得到过的。

后来，土耳其再次进攻欧洲，君士坦丁堡眼看就要被攻破了，东罗马皇帝不得不派人出去寻求救援，他派出去的人是克里索罗拉斯。克里索罗拉斯到各国诉说自己的国家所面临的危机，请他们伸出援手，但是没有人愿意帮助君士坦丁堡。不过，虽然各国都对东罗马帝国的死活不在意，但是希腊文化却深深地吸引着他们，这些国家的子民非常渴望能阅读到荷马、亚里士多德还有柏拉图的原著，遗憾的是他们不会希腊语，所以当他们听说克里索罗拉斯来到了他们国家以后，就马上邀请他为大家教授希腊语。克里索罗拉斯爽快答应了。这个消息传开了以后，各地的年轻人聚集而来，一时之间，学习希腊语的气氛非常浓烈。

那些在大学里研究神学和逻辑学的老师傅被外面世界的气氛所影响，无心继续钻在自己的研究里。后来，那些年轻人直接从大学里开溜，要去学习“人文主义”，喊出“复兴文明”的口号。这些老师傅一开始只是心里感觉到很失落，或许还有一丝恐惧，而现在，看到自己的学生都跑掉以后，他们终于再也无法忍耐了。他们跑到政府那里告状，但是政府回应说，这事情不归他们管，别人不爱听他们讲课，难道要政府押着他们去听吗？老师傅们很没有面子。支持这些老师傅的人只有那些狂热的宗教徒，那些宗教徒无法理解别人的快乐，也不想看到别人这么快乐。于是，新旧两派在文艺复兴的中心城市佛罗伦萨发生了一场残酷的战争。旧派以一个名叫萨佛纳洛拉为领袖，萨佛纳洛拉是一个不苟言笑，对一切光明、充满希望的事物都抱有憎恨心理的人，他带领着旧势力冲进了圣母百花大教堂，他大声喊道：“你们这些忘记了上帝的人！你们要跪求上帝的原谅！忏悔吧！为你们这肤浅丢人的快乐，忏悔吧！忏悔吧！”喊完以后，他突然跪了下去，说他看到了异象，说天空上突然划过一道有熊熊大火的剑，并且伴随着很多奇怪的声音。他所说的这一切，只

有他自己看到。但是他说，这是上帝给人类最后的通牒。萨佛纳洛拉对城市里的孩子们说：“还没有长大成人的孩子啊，你们是纯洁的，不要听你们愚昧父亲的话语，他们都是错的，他们已经在去往地狱的路上！”然后，他成立了一个童子团，让他们每日跪在太阳底下，恳请上帝原谅无知的人民。

佛罗伦萨的市民被萨佛纳洛拉这样一搅，乱了手脚。他们忽然很怀疑自己最近学习的这一切，毕竟，崭新的东西无法去验证它的对错，但是，上帝却是一直都存在的、毋庸置疑的。于是，他们也共同跪了下来，恳请上帝的宽恕。他们把书籍、字画全部交了出来，拿去烧掉，把城市里的雕塑也一并摧毁。而且，他们还为自己的忏悔、改过自新举行了一场狂欢节。萨佛纳洛拉终于满意了。

但是，当狂欢的庆典散去，当书籍字画的灰烬逐渐冷却，当人们抬头看着明亮亮的白光，忽然醒悟过来，发现事情根本就不是像萨佛纳洛拉所说的那样！是他摧毁了他们刚刚喜欢上的一切！于是，人们又反过来对付萨佛纳洛拉，把他抓进了监狱里，用酷刑伺候他。萨佛纳洛拉无论如何都不肯承认自己有什么错。的确，他只是无条件地信奉自己所信奉的，只是铁了心要过一种守旧的生活，又有什么错呢？但是他的确是生错了时代，如果他生在 11 世纪，他或许会受到所有人的爱戴，但是在 15 世纪，他却变成了一个与新时代格格不入的旧时代余孽。最后，连教皇都没有想过要去拯救他，因为教皇也成了人文主义者。他被送上了绞刑架，尸体被烧掉。

无论怎样，中世纪真的都结束了。历史的大轮，向前滚动。

第三十六章

海陆新发现

十字军东征让欧洲人到国家以外的远方走了一圈，但是人们顶多也不过是熟悉了从威尼斯到雅法要怎么走，对于更远的地方，他们没有踏足过。十三世纪的时候，威尼斯商人波罗两兄弟从滚烫的沙漠中跋涉而过，翻过了高耸入云的山峰，最后到达了中国。那时候的中国，正处在元朝。这一次游历，波罗兄弟前后花了二十多年的时间。波罗兄弟当中的一个兄弟，有个儿子叫马可，马可把他们两个人的游历过程写成了一本书，书一面世就被抢了个精光。在书里面，马可提及到父辈曾经到过一个岛国，那里用金子建造宝塔，这个岛国其实就是现在的日本。这在当时引起了欧洲人民极大的兴趣，他们认为东方就是一个满地铺金的地方，他们梦想着

自己什么时候也能去到东方捞一桶金回来。不过，对于绝大部分的人来说，这仅仅只是个梦，路途之难，难于上青天，极少人会真正付诸行动。

中世纪时，人们其实也可以从海道去往东方，但是他们对于航海持保留态度。因为那时候的船只特别小，最多只能载 20 到 50 个人，船舱很窄，没有人可以在里面伸直身子，而且用这样的船只航海行程非常慢，去一次要用很多年。船上的厨房非常简陋，碰上天气不好的时候，连火都生不了，水手们只好简单吃点食物。或许有读者会问，他们为什么不吃罐头呢？因为那时候还没有罐头呢。船只上没有新鲜的蔬菜，饮用水装在一个木桶里，过不了几天这些水就会变质、发臭，满是细菌。因为饮用了这些不卫生的水，很多船员得了伤寒病，最后不治身亡。所以在一开始航海的时候，海员一批一批地死去。1519 年，和麦哲伦一起去航海的人，出发的时候有两百多名，回来的时候只剩下十八人。到了十七世纪，虽然航海已经变得频繁了许多，但是海员的死亡率依然高达 40％，他们很多是死于败血症，败血症主要是因为缺乏新鲜蔬菜。

那时候去航海的人，都不是一般的平民百姓，而那些特别优秀的人也不敢轻易涉足。航海探险家，如麦哲伦、哥伦布等人，他们的海员全部都是那些被判了重刑的犯罪分子、前途无望的年轻人以及一些犯盗窃罪的小偷。无论怎样，我

们对于这些航海的先锋者致以崇高的敬意，他们在极其恶劣的条件下，只能凭借上帝和运气，克服了种种困难，为后来者开辟出新的航道。他们是真正意义上的开拓者，运气是他们唯一的赌注。活着对于这些人来说本身就是一场辉煌的冒险。但是，当新的大陆或者海域被这些航海探险家们发现的时候，他们所忍受的饥饿、寒冷、疾病等等，都有了意义与价值。

好了，现在让我们重温一下当时探险家们的目的，那就是为了寻找一条安全而顺畅的海线，可以到达中国、日本还有一些其他的岛屿。欧洲人都想去这些地方找寻香料。葡萄牙人是最早探索大西洋沿岸的人。葡萄牙人因为长年要与入侵他们家园的摩尔人战斗，所以他们有一种高度的爱国精神，这种爱情精神成为了一种激情。有激情的民族都是很吓人，因为他们无论做什么事情，这股激情都会喷发出来。到了十五世纪的时候，葡萄牙人已经具备了航海探险的条件。

公元 1415 年，葡萄牙的航海发烧友亨利，开始为航海作准备。亨利的父亲是国王约翰一世，母亲是冈特国的公主菲利帕，亨利有足够的经济基础实现航海梦想，然后就带着他的海员出发了。一路上，亨利他们发现了一个个岛屿，还找到了马德拉岛。马德拉岛在一百年前曾经被人发现，并被在地图上做过标记，但是在后来的一百年里，葡萄牙人只是大概知道有这么一个群岛存在而已。亨利这次出行的收获很大，他们还从远处看到了非洲一条河的河口，那就是塞内加尔河河口。

作为一个冒险家，如果亨利的冒险活动只是在大海上，那么就对不起“冒险家”这个称号了。1312 年，法国国王菲利普请求教皇克莱门特五世将圣殿骑士团取缔，教皇应允。而菲利普自己则做得更加干脆，他把所有的圣殿骑士全部烧死，然后剥夺了他们所有的财富。但是葡萄牙人不听菲利普这一套，继续保留圣殿骑士团，并且进一步发展，圣殿骑士团后来成为基督骑士团。亨利用这个团组成几支远征队伍向撒哈拉沙漠出发、向几内亚的海岸线出发，把探索的阵地发展到陆地上。

后来，亨利非常执著地想要寻找一个叫做“普勒斯特·约翰”的基督徒，这浪费了他非常多的金钱与时间。传说约翰是一个大国的国君，这个大国隐藏在东方的某个地方，这个传说出现在欧洲，时间大概是在十二世纪的中期。传说流传了 300 年的时间，人们一直都在寻找这个国家。亨利直到去世也没有完成他心里的这个念想，直到他去世三十年后，人们才把这个谜团解开。

除了亨利，还有其他探险家对此事也非常执著。公元 1486 年，巴瑟罗缪·迪亚兹也踏上了寻找“约翰”的海航道，但是稀里糊涂地，他来到了非洲的最南端。此地的风暴十分凶猛，于是，他给那个地方起名叫“风暴角”，不过在

后来，葡萄牙的探险家们也经过了这个地方，他们意识到这个地点对于通往东方的航道具有非同凡响的意义，所以他们给它改名叫做“好望角”。

公元1487年，佩德洛·德·科维汉也从陆地出发，向大海探险，他也想要找寻到“约翰”国家。他先是到达了埃及，然后继续往南边走。他后来去到了印度沿岸的凯利卡特和果阿，在那里，他听到了一些有关马达加斯加的传说，人们传说这个岛屿是在印度和非洲之间。后来，科维汉就打道回府了，但是中途他去了一趟麦加和麦加那。然后，他再次出发，横渡红海。1490年，他终于找到了“约翰”国家！谜底终于解开了，那个国家不过就是一个黑人王国，他们的祖先在4世纪的时候就成为了基督徒。

当海航经验越来越丰富的时候，葡萄牙的地理学家和地图绘制者们为了去东方的海航线吵了起来。有些人认为应该从好望角继续向东走，但是另外一些人则认为应该从西出发，穿越大西洋，最后抵达中国。在支持西部航线的人里，有一个人名叫克里斯托弗·哥伦布。哥伦布在历史上是一名非常著名的地理探险家，他的父亲是一个羊毛商人。他大学毕业以后，先是继承了父亲的羊毛生意，后来跑到了地中海的希俄斯岛，再后来又跑去了英格兰。他宣称，在公元1477年的2月，他去了冰岛。但是后人考究，认为他大概只是到了法罗群岛罢了。因为法罗群岛在冬天的时候结满了冰，很容易让人误以为是冰岛。不久后，哥伦布去到了葡萄牙，然后在那里娶了妻子，他的妻子是一名船长的女儿，这位英勇的船长曾经为亨利王子效劳过。

自从 1478 年，哥伦布就开始研究去印度的西部海航路线。他分别向葡萄牙和西班牙递交了自己的航海计划，葡萄牙在航海方面排在首位，所以比较自负，对于哥伦布递交的计划连看都没看就丢到了一边。而西班牙那边，1469 年，费迪南大公和伊莎贝拉结婚，他们的政治联姻使得西班牙变成了一个统一的大国，但是那时候他们正忙于把摩尔人赶出他们的领土，所有的钱都投到了战争中，根本无暇顾及哥伦布的航海计划。

1942 年 1 月 2 日，西班牙终于把摩尔人赶出了自己的土地，4 月，费迪南大公和伊莎贝拉批准了哥伦布的航海计划，答应资助。这一年的 8 月 3 日，哥伦布带着三只小船出发了，与他同行的海员都是监狱里的罪犯，他们为了免除自己的刑罚而参与到哥伦布的冒险行动里来。1942 年 10 月 12 日，哥伦布终于看到了大陆。1493 年 1 月 4 日，哥伦布将 44 个海员留守在拉·纳维戴德要塞，他与他们告别，然后返回。1493 年 3 月 15 日，哥伦布带着他发现的土著人回到了帕罗斯岛，接着，他报告费迪南大公和伊莎贝拉他的航海计划胜利完成，他给他的恩人画了去中国和日本的路线。

但是哥伦布直到去世都没有意识到自己犯下的错误，或

者意识到了也不肯承认。而坚持东部航线的葡萄牙人就少走了许多弯路。公元 1498 年，达·伽马顺利到达马拉巴尔海岸，运回了一船香料。但是葡萄牙人在西部航线上的探索没有什么建树。这令人很遗憾。

哥伦布去世七年以后，欧洲的地理学家们才终于弄明白了新大陆是怎么一回事。巴尔沃亚在 1513 年登上了达里恩峰，让他没有想到的是，出现在他面前的，居然是辽阔无边的大海。这似乎暗示着另外一个大洋的存在。

1519 年，葡萄牙探险家麦哲伦率领着船队向西寻找香料。他穿过了大西洋，向南继续航行，碰上了一个十分狭窄的海峡。连续五个星期，麦哲伦的船队都在这个海峡里碰上了狂风暴雨，船队根本无法行驶。船员十分焦虑，发生了内讧。麦哲伦知道在这个时候发生内讧是一件非常危险的事情，搞不好会全军覆没。他当机立断，采取了严厉的措施平定这场内讧。为了给船上所有的海员一个警告，他将挑起内讧的两个海员扔在岸边，让他们在那里听天由命。这下，再也没有人敢引起骚乱了。后来，海峡的风暴终于消停，麦哲伦指挥船队继续出发，海域渐渐变得辽阔。麦哲伦的船队来到了一个海洋，麦哲伦给它起了一个名字——太平洋。船队继续往西行进，但是走了 98 天以后，依然没有出现陆地的影子，船上的海员因为没有水喝、也没有食物吃而开始死去，后来，幸存下来的海员就捉船上的老鼠吃，老鼠被他们吃完了以后，他们就开始吃船帆。

海员越死越多。

直到 1521 年 3 月，这支船队才看到了陆地。

麦哲伦将他所看到的这块陆地叫做“盗匪之地”，因为这片土地上的居民没受到任何文明的开化，他们见到什么就偷什么。

麦哲伦继续带着船队往前走，不久以后，他们到达了一个群岛。麦哲伦给它起名叫做“菲律宾”，这是根据一个国王儿子的名字起的。当麦哲伦的船队到达这个群岛的时候，他们受到了当地居民的热烈欢迎，当地居民将岛上最好吃的食物拿出来款待他们，但是后来麦哲伦意图用大炮来强迫当地居民成为基督教的子民，这遭到了他们的反抗，麦哲伦和几个海员就被他们杀死了。形势所迫，其他的海员立刻离开这个群岛，临走之前，他们把剩余的三艘船烧掉了一艘。

船队航行的方向依然还是西边，终于，他们到达了一个香料群岛——摩鹿加。除此之外，他们还发现了婆罗洲，后来还登上了蒂多雷岛。正当海员们都满心欢喜的时候，却发生了一件意想不到的事情。开来的两艘船，有一艘已经漏水严重，不能再载人回去了。没有办法，最后一些海员就永久地留在了那个群岛上。幸存下来的船叫“维多利亚”，在船长卡诺的带领下，这艘船经历千辛万苦终于回到了西班牙。

这次航行是整个航海大发现中最重要的一次探索。它前

后花费了三年的时间，付出了大量的金钱，牺牲了多名海员的性命。但是这一切的代价都是值得的，因为它证明了两点：第一，地球确实是圆的；第二，哥伦布曾经发现的地方并不是印度领土的一部分，而是一个真真实实的新大陆。这次航行将这些信息带回到西班牙以后，西班牙和葡萄牙马上开拓印度和美洲之间的贸易。

从此，世界的贸易格局有了巨大的变化。

人们继续拓展西部的航线，随着航海事业的发展，船只变得越来越大，并且越来越坚固实用。去海上探险需要承担的风险也降低了很多，因为已经有大量的航海经验可以借鉴。现如今，我们的交通工具不只有海船和火车，还有可以翱翔天空的飞机。从这里我们也可以看出人类文明的发展是多么奇妙。

第三十七章

佛陀、孔子的故事

因为海陆的大发现，本来不知道彼此存在的人们开始了交往，欧洲的基督徒开始和中国、印度、日本建立友谊。欧洲人一早就知道在这个世界上除了他们的耶稣，还存在着其他被信仰的神灵，比如穆斯林信仰的就是真主安拉。他们也知道，在非洲的一些地方，人们信仰的是一些木棍、石头和枯树。但是，当他们和东方人民接触以后才惊讶地发现，那些国家几千万的人民居然连耶稣的名字都没有听过，而这些国家的子民认为自己本族人民所信仰的宗教比西方的要好得多。

在这章里，我们来认识一下东方的两位伟人，这两位伟人在世界上的影响是非常深远的。

在印度人眼里，佛陀是他们的依赖，是他们的启明星，也是他们的归宿。佛陀的一生具有强烈的传奇色彩。他出生在喜马拉雅山的脚下。传说，他的父亲是伽毗罗卫部落的首领，人称“净饭王”。他的母亲是伽呲罗卫邻国的公主，叫玛雅摩耶。当她嫁给佛陀父亲的时候还是一个美丽的少女。她站在喜马拉雅山山顶上，看过一次次的日出与日落，许多个美丽的日子一天天地过去了，她始终没能怀上孩子。她深爱着自己的丈夫，如果她的丈夫没有子嗣来继承皇位，那将是一件多么遗憾的事情。玛雅摩耶每天都在心里祈祷，祈求上天恩赐她一个孩子。玛雅摩耶到了五十岁的时候，终于怀孕了。玛雅摩耶十分感恩命运，这种恩情让她怀念起自己的故乡，她想回娘家看一看，并且希望自己的孩子能在她童年生活过的地方降生。于是，玛雅摩耶起程了。

回到自己的故乡，需要走过一段非常遥远而曲折的路程。有一天晚上，正当玛雅摩耶走到蓝毗尼的一棵树下休息的时候，她忽然感到肚子开始阵痛起来。佛陀就在这棵大树下被生了出来。净饭王和玛雅摩耶为他们来之不易的孩子取名叫“悉达多”，但是人们更愿意把他叫做“佛陀”，这是“大彻悟之人”的意思。

悉达多王子无忧无虑地成长着，当他长成一位小伙子的时候，他是如此的英俊潇洒。19 岁的时候，悉达多王子娶了自己美丽的表妹耶输陀罗做妻子。在此后的十年时间里，他和他美丽的妻子一直生活在深宫之内，日子安宁无忧，对于外面世界的一切痛苦与沉重，他丝毫没有觉察。他只需要继续这样生活下去，然后在某个时间里，成为新一代的伽毗罗卫国王。

但是日子有一天终究有了些不一样。在悉达多王子三十岁的时候，他在一次很偶然的机会离开了一直生活着的皇宫，去了真正的人间。在路上，他见到了一位老人家，这位老人家因为寒冷与饥饿而奄奄一息。悉达多王子惊奇地问自己的车夫查纳："他为什么会如此贫穷?"查纳平静地回答道："我尊敬的王子，这个世界上的穷人这么多，多一个或者少一个，又有什么关系呢？您不必为此烦恼。"年轻的王子第一次有一种很奇怪的感觉，他描述不出来这种感觉到底是怎样的，他只知道，自己那颗一直都跳动得很轻快的心突然好像不是那么轻快了，他的眼睛蒙上了一层淡淡的泪水。英俊的王子没有说什么，让车夫查纳把他带回皇宫里面，他和自己的亲人生活在一起，继续过着衣食无忧的生活，他试图让自己的心跳得跟从前一样轻快。

不久后，他又第二次走出皇宫，在路上，他遇到了一个被疾病折磨得瘦骨嶙峋的人，这位病人痛苦地蜷缩在一个角落里。悉达多王子问他的车夫查纳："为什么这个人要受这么大的痛苦?"查纳平静地回答他："我尊敬的王子，像他这样的病人，这个世界有无数。谁也帮不了他们。您不必为此

感到困惑。”悉达多感觉自己的那颗心跳得更不如从前了，它一下一下地跳动，每一下都跳得那么重、那么痛。但是他依然让车夫查纳调转车头，把他带回皇宫。

第三次，也就是在几个星期以后，王子悉达多又一次走出了皇宫。他想到河边沐浴。在路上，他的马突然受惊跳了起来，悉达多差点摔了下来。他定神一看，发现在道路的阴沟上躺着一具腐尸！悉达多吓得惊呆了。他问车夫查纳：“为什么会有人死在这里?”查纳平静地回答道：“我尊敬的王子，这个世界上的死人，差不多和活人一样多呢。人人都会死，这是自然的规律。没有谁可以长生不老，也没有什么是永恒的。人人都走在去往坟墓的路上。您又何必为此惊讶呢?”这一次，悉达多感觉自己的心这么沉、这么重，它快要跳不动了。他的眼泪掉了下来。

他终于知道，自己的这种感觉叫做悲伤。

悉达多依然照常回到了皇宫里。当他踏进皇宫的时候，皇宫里正在奏唱快乐的曲子，原来，就在刚刚，他的妻子生下了一名可爱的儿子。皇宫里的人高兴极了，因为再下一代的王位继承人也有了。但是，悉达多却快乐不起来，他的心跟以前不一样了，他已经目睹了真正的人间，也知道了真正的人生。没有什么是永恒的，只有死亡会如影相随。

那一个晚上，皇宫里的人依然为好消息而激动，一直到深夜才入睡。到了后半夜，皇宫终于安静下来。月亮静静地挂在悉达多王子的窗头，纯白无邪。悉达多在梦中惊醒过来，冷汗湿了他整个后背。他披上一件大衣，站在窗前看那一轮天上的明月。他明白，如果继续蒙蔽自己，不去寻找生命合理的解释，那么，他的心将永远这么沉、这么重，他将一直都活在悲伤当中。于是，他决定离开皇宫，告别一早就设定好的人生，去皈依自己的使命。他最后深深地看了一眼自己的妻子与儿子，然后叫上查纳，主仆二人，绝尘而去。

在茫茫的夜色中，两个人一前一后地走着，一个是为了找寻自己的灵魂归宿；另一个是为了坚持自己的忠诚，天涯海角地跟着自己的主人。

那时候，印度社会处在一个动乱不安的时期，印度人的生活十分悲惨，他们在现世生活中找不到快乐与幸福，于是把希望寄托给了来世。他们相信奉婆罗吸摩操控着人的生死大权，他们以奉婆罗吸摩为信仰，效仿其无欲无求的境界。他们认为，一个人只有思想彻底纯洁了，这个人才算得上是一个真正的人。为了让自己的思想变得纯洁，把自己一切的欲望压制下去，很多印度人走进了沙漠，吃树叶，忍受饥饿与寒冷，冥思苦想，试图用奉婆罗吸摩的精神来清洁自己的灵魂。

悉达多不知道应该怎么寻找答案，所以在一开始的时候，他也效仿这些印度人，远离一切繁华之地。他把自己的长发剃光，把身上的珠宝项链全部摘除交给查纳带回皇宫，

连同一起交给查纳的，还有一封与家人的诀别信。从此，他开始了独自一人的修行。

悉达多很快就参悟出了很多东西，他的声名传了开去，有五个年轻人慕名而来，想聆听他的教导。悉达多允许这五个弟子投靠到他的门下，但是他要求他们必须跟随他的脚步。这五个年轻人统统答应了。于是，悉达多就带着他的学生们住进了大山中。他用了六年的时间对这些学生讲解自己的参悟所得，就在快讲完的时候，悉达多发现自己的所得依然是浅薄的，他还没有修到骨髓，他的心还没有完全放下尘世间的一切悲欢离合，也还没有彻底放下功名利禄。他决定继续修行下去，于是他把五个学生全部遣散了，他自己一个人坐在一棵菩提树下，不吃不喝，所有的时间都用来清净内心。就这样过了49天，终于到了第50天的时候，婆罗吸摩在悉达多面前显现了，悉达多顿悟，上升为“佛陀”。这位“佛陀”肩负着把众生都解救出苦海的重任。

在佛陀后来的45年时间里，他一直生活在恒河附近，住在山里，他的身边聚集了很多人，他教导这些人要谦卑、要顺服。公元前488年，佛陀去世，人们对他的敬爱一直延续到现在。佛陀从不偏袒任何一个社会阶级，众生在他面前都是平等的。

但是这种众生平等的思想引起了当时那些贵族、祭司和商人们的不解，他们认为佛陀是在煽动无知的人民起来抗议，所以他们想尽一切方法想要把这个宗教扼杀。但是，佛教的精神已经深入民心，精神是砍杀不掉的。佛教从印度传到了中国和日本。直到现在，佛教依然是非常大的宗教，信奉它的人，比基督徒和穆斯林的总数还要多。佛教的精神是仁爱，对任何事任何人都不主张采用暴力。

好了，我们讲完了印度佛陀的故事，现在，让我们来讲一讲中国孔子的故事。

中国孔子的故事相对要简单一些。孔子生于公元前 550 年，他在后世享有极高的荣誉，但是他生前一直都过着一种很平淡的生活。当时的中国社会也是动荡不安的情况，连绵不断的战争把人民推到一种痛苦的生活境况中去。孔子有一颗仁爱之心，他热忱地希望可以解救人民于水深火热之中。他厌恶一切暴力，主张用“仁爱”来解决矛盾。那时候的中国人迷信鬼怪神灵，但是孔子却没有用任何神灵来伪装自己，他从来不宣称自己见过什么与众不同的迹象，也从来不说自己是神灵派遣下来的。孔子就是孔子，他只是活成了他自己，他所提倡的道德来自于全人类基本的良知，他的道德体系几乎达到了无懈可击的地步。他喜欢吹一些感伤的曲子，因为他是一个很感性的人。他对人有宽广的包容之心，从来不强求别人认同他，也不号召别人追随他。人们常说，文人相轻，但是对于孔子来说，这是不存在的。他曾经不抱任何一点偏见地去拜访老子。老子是一名非常著名的哲学

家，但是他信奉的是无所为，与孔子的基本思想不一样。两个哲人的会面给彼此都带来很大的启发。孔子强调人应该懂得克制，克制才不会放肆，克制才是真正有教养的表现。孔子还认为，无论好与坏，人应该接受命运，因为真正有智慧的哲人都懂得凡事自有道理，都可以让人从中受益。

一开始的时候，孔子的门徒并不多，但是人们渐渐被他的学说所折服，很多人不远千里来聆听他的教诲，当时有些君主都是他的学生。孔子的儒家思想直到现在还是中国人的基本思想，它深深地影响着中国以及东亚地区的文化。

在 16 世纪，西方人面对东方的佛陀与孔子等有一种强烈的无所适从感。当佛陀与孔子的思想妨碍了他们的贸易活动时，他们就用大炮来对付。这造成的恶果是可想而知的。

第三十八章
宗教之战

十六七世纪，人们对于宗教有诸多争论。

现代人对这或许不大能理解，因为在我们现代生活中，我们一般讨论的主题是“金钱”或者“爱情”。但是生活在1600年或者1650年的人们却沉浸在对“宗教”的讨论当中，无论你是天主教徒还是路德派教徒，抑或是浸礼派教徒，你都会认真思索你所信仰的宗教“真正的奥秘”。

宗教之争之所以会产生，最主要是因为天主教和新教这两大派别旗鼓相当，总是很难争出个高下。他们之间的冲突长达80年，无数人被卷入这场复杂的斗争中去。

文艺复兴以后，新教徒有了一场改革运动，天主教会内部也进行了非常大的整顿，那些半人文主义且还做着古董生

意的教皇全部都被撤出，取而代之的，是每天都工作 12 个小时、一丝不苟的教皇。从前那些整日只顾着找乐子的修道院也变得正经起来，教士和修女正襟危坐地研究教规，或者是出去救死扶伤。宗教法庭严厉地关注着人们的一举一动，对于印刷品的出版更是严加看管，不符合教会审核的一切言论都禁止出版。说到这里，读者们很自然就能想起伽利略，他是时代的牺牲品。他对宇宙和行星运转规律的阐释与教会的不一样，因此，他就被认为是“异端分子”，被抓入了监狱。其实在那个时代，无论是天主教徒还是新教徒，他们对于自然科学都是无知的，他们害怕跟他们不一样的认知，所以想方设法打压一切具有独立思考能力的人。

举个例子。历史上，法国有一位著名的宗教改革家叫加尔文，他是日内瓦政治和信仰的首领。法国曾经想要绞死迈克尔·塞维图斯（塞维图斯是一名神学家，也是一名出色的外科医生）。后来，塞维图斯逃出了监狱，到日内瓦避难。加尔文非但没有帮助他，还把这位优秀的医生再次抓进了监狱。经过反复多次的审讯以后，塞维图斯最终被烧死在火刑柱上，加尔文给他下的罪名是“异端邪说”，塞维图斯所有的科学成就都变成了毁灭他自己的理由。

到了今天，“异端邪说”还常常被认为是一种“疯子病”。人们对于跟平常相异的言论，总是很难抱有宽容的态度。在十六七世纪的新教，如果有人胆敢质疑新教的教义，那么，这个人就一定会被看做是“疯子”。人们认为，他的“异端邪说”会涂害人的灵魂，罪大恶极所以新教为了控制人们的思想，在学校里开展“信仰教育”，孩子从很小的时候就开始“被信仰”。当然，这个做法在某种程度上也促进了欧洲的进步，因为老师们除了反复给学生讲解什么《教理问答》以外，也会给他们讲解一些其他的科学知识，并且鼓励学生要大量阅读，这也促进了印刷业的发展。

在这个方面，天主教徒与新教徒异曲同工，他们也在学校里大肆开展“信仰教育”，他们还有一个最佳盟友——耶稣会。耶稣是一位西班牙军人创立的，会刚成立不久。这位军人叫做伊格那修斯·德·罗约拉。他曾经在战争中受过伤，脚腿上留下了终身残疾。在医院治疗期间，他受到了圣母和圣子的感召，决心跟以往的一切罪恶划清界限。为了赎清自己曾经的罪孽，罗约拉决定参加十字军，前往圣地。但是这次参军让他感觉到希望非常渺茫，所以他又再次回到欧洲，投入到宗教的对抗中去。

1534 年，罗约拉在巴黎学习神学，他和另外七个志同道合的同学组成了一个兄弟会。他们八个定下了一个约定：永远过圣洁的生活，不爱慕虚荣，不追求荣华，以追求正义为终身目的，把所有的一切都奉献给教会。这个教会的影响力越来越大，在几年的时间里就成为了一个得到教会认可的正规组织，教皇保罗三世赐名它为

“耶稣会”。

因为这个教会的创始人是军人，所以这个会派具有非常严格的纪律性，服从上级的命令是耶稣会的基本原则，也因此，耶稣会才会取得辉煌的成功。耶稣会主要专注于教育，他们的教师必须要经过专业培训并且考核合格以后，才能真正担起给学生传授的责任。在耶稣会里，老师和学生一起吃饭、一起睡觉，一天 24 小时几乎都在一起，学生受到老师的影响之大可想而知。所以在这种教育模式下，学生自然都义无反顾地皈依天主教。到了后来，耶稣会的精力不再全部花在穷人的教育上，他们逐渐开始进入富人阶层，有些耶稣会的成员成为了未来国君的私人老师。

查理五世去世以后，他的兄弟费迪南接管了他一部分领土：德国和奥地利的土地；而他的儿子菲利普则接管了他另外的领土：西班牙、荷兰、印度群岛和美洲。人们常说，近亲结婚生出来的孩子都有点怪异，菲利普成了一个很好的例子：菲利普是查理五世和他的表妹（以为葡萄牙的公主）所生，行为思想都很奇怪。而菲利普的儿子唐·卡洛斯可能是得到了菲利普的真传，更是一个出了名的疯子。后来菲利普忍无可忍，只得下令杀了他。菲利普是一个非常偏执之人，他对信仰的固执已经达到极端的地步，他把自己当成是上帝的仆人，他所说的一切，人们都必须要服从，因为服从他就是服从上帝，如果有谁违背的话，

那么就格杀勿论。

那时候，西班牙的财富非常多，金银财宝不断地从新世界流入国库。但是，后来西班牙患上了“懒人病”，本来勤劳的农民变得懒惰，而那些富人阶层本来就看不起辛勤的劳动者，他们只愿意从事陆军、海军或者公务员这些看起来很高端大气上档次的职业。本来西班牙还有一群勤快的摩尔人，但是他们全部都被西班牙驱逐出境，所以整个西班牙都变得异常懒惰，虽然他们拥有大量的财富，但因为无人愿意劳动，所以他们的钱都用去购买国外的产品，导致西班牙非常贫穷。

荷兰的税收是菲利普经济的主要来源，但是，佛拉芒人和荷兰人却矢志不移地追随路德与加尔文教派。他们把教堂里的圣徒画像和宗教画册全部清除掉，并且明明白白地告诉教皇，他不再是他们的牧羊人，他们唯一的行为导向是《圣经》。这把菲利普惹得很恼火，因为这是公然挑战他的信仰，他想马上将这些荷兰人统统烧死，但是理智却阻止了他这么做，因为他这么做的话，就会完全失去自己的金钱来源。一个没有钱的国王，还算是什么国王呢？

菲利普在这件事情上表现出从来没有过的犹豫与挣扎，这也导致他对荷兰人的态度时而宽容，时而苛刻；对他们时而承诺，时而恐吓。他就像一个百变大王，始终都找不到自己应有的妥当态度。但是荷兰人在菲利普的这一切态度面前

却是无动于衷的，他们依然平静地歌唱诗篇，依然把路德派和加尔文派牧师的话语当做是最高指示。菲利普忍无可忍，决定采取行动。他派阿尔瓦公爵去惩罚这些异端。阿尔瓦公爵是出了名的心狠手辣，听闻他要来，那些傻瓜般的荷兰宗教首领居然还不逃跑，以为神会从天而降救他们。结果是，阿尔瓦公爵一到荷兰，就马上把这些宗教首领的头颅砍了下来，并且率领部队把荷兰的几座城市都攻下来，把全城的老百姓统统杀光，以此来警告其他的城市。做完这一切以后，他依然觉得自己还没有出色地完成菲利普国君交给他的任务，所以在第二年的时候，他率领部队把荷兰的制造业中心莱顿城围了起来。

在这种局势之下，北尼德兰的七个小省联合起来，组成了乌得勒支同盟，以此对抗菲利普，他们选出了奥兰治的威廉做同盟部队的将军。所谓的同盟部队，是由号称“海上乞丐”的海盗水手组成。威廉一上任，就下令将防海大堤挖开，让海水灌进来，形成内海，借助这个浅浅的内海，他的寒酸海军终于连拖带拽地来到莱顿城下，并且为莱顿城解了围。

这下，菲利普震惊极了，而新教教徒个个扬眉吐气。菲利普想出了一个阴谋，他找来了一个疯子般的宗教狂热分子，命令他去刺杀威廉，阴谋最后得逞。但是，这个举动把北尼德兰七省的人们激得怒火冲天。1581 年，他们自行在海牙召开了一个会议，在会议上集体决定把菲利普废黜，“因为他罪大恶极”，并且对外宣布，从此以后，国君由他们自己人来担任。

这在历史上是个大事件，因为它透视出一种进步的观点：“国王与其臣民之间应当存在一种默契，双方都必须履行应有的职责，承担某些义务。如果其中一方违背了协议，另一方则有权终止合约。”由此，荷兰人在人类的文明历史上往前走了一大步。

十六七世纪，西班牙在悄悄地组建一支远征队，打算卷土重来。1586 年，西班牙的巨无霸舰队终于开始了远征。但是佛拉芒海岸的港口一早已被荷兰舰队重重封锁了，而英国的海峡也有部队在严密地防守，西班牙舰队无法适应北方的气候，加上海面上经常出现风暴，很快，这只组建多时的舰队就宣告失败。

终于，英国和荷兰的新教徒开始反击了。16 世纪末，霍特曼找到了一条航线可以通往印度群岛，历史上闻名于世的荷兰东印度公司由此成立。荷兰和西班牙、葡萄牙之间的殖民大战由此拉开了帷幕。在少于 20 年的时间里，新教徒就把原来属于西班牙的诸多殖民地统统收归旗下，比如印度群岛、稀烂、中国沿岸和好望角等。1621 年，西印度公司成立了，很快地，它就征服了巴西，在北美的哈得逊河口建立了一个要塞。

拥有了新殖民地，英国和荷兰的国家财富开始暴涨，所以他们开始有实力去雇佣一些外国的军人为他们打仗，这样他们就可以安心地专注于自己的生意。但是，欧洲其他地区的人民则完全是另外的境遇，在这一系列的战争中，他们的生活简直被破坏殆尽。

1618 年爆发了一场战争，这场战争长达三十年，是一个世纪以来宗教的冲突所引发的。导火线是哈布斯堡王朝的斐迪南二世成为了德意志的国君。斐迪南曾经在耶稣会受过教育，有着纯洁而坚定的宗教信仰，他在没有做上国君之前就许诺，要把国土上的所有宗教异端分子和异端教派全部铲光。登上王位后，他决心实践他的诺言。在他做上皇帝的两天前，新教徒的腓特烈，也就是他的死对头，成为了波西米拉的国君，斐迪南难以容忍这一点。他马上派兵出战波西米亚，腓特烈急忙四处搬救兵，但是都失败了。在苦苦地支撑了几个月以后，腓特烈被驱逐出境，他所统属的领土也交由天主教的巴伐利亚掌管。

战争开始以后，斐迪南底下的将军蒂利和沃伦斯坦将军带领部队杀到德国的新教地区，一直打到波罗的海沿岸。丹麦的新教徒感到了巨大的威胁，他们决定先发制人，派兵进驻德国，但是很快就被打败。丹麦人最后只好投降求和。于是，在波罗的海地区，最后只剩下施特拉尔松是新教城市。

1630年，瑞典瓦萨王朝的国王阿道弗斯登陆了施特拉尔松。阿道弗斯是一名野心很大的新教徒，在军事上较有才能，他曾经率兵抵抗俄国的侵略并获得成功，在国内享有很高的威信。他想要把瑞典建设成他北方帝国的中心。他的到来给新教徒带来了崭新的希望，而他也不负众望，带兵击败了蒂利部队，然后气势昂然地带着部队到达德国中心，向斐迪南在意大利的属地开战。正在大家都以为他会在意大利属地大动干戈的时候，他突然调转了部队，和斐迪南的主力部队发生了吕茨恩战役，斐迪南方面惨败。

斐迪南生性多疑，当他听到自己的部队惨败的时候，他首先要做的不是调整方略、重振士气，而是怀疑起自己的部下来。他下密令暗杀部队的总司令沃伦斯坦。法国的波旁王朝听到这个消息以后，投靠了新教徒那边——虽然他们是天主教，但是因为他们本身就对费迪南抱有成见，更何况再次见证了他的残暴，所以顾不上宗教的区别了。很快地，法国就派出了军队进攻德国的东部。瑞典与法国的同盟军共同领兵冲进了哈布斯堡王朝的中心，掠夺了他们一切的财富。瑞典的胜利招来了丹麦人的嫉妒，丹麦的新教徒以法国之前是天主教而瑞典还与之勾结为理由，进攻瑞典……

战争结束以后，瑞士和荷兰成立了共和国，国体独立，其新教徒的身份得到承认。法国获得了一些殖民地，而罗马

帝国依然只是一个傀儡，没有威信，没有权力，没有财富，也没有勇气与希望。其实，绵绵不断的战争依然没有解决实质性的问题，天主教依然不服新教，新教依然看不惯天主教。宗教的斗争终究只是带来了一连串的恶果。

在这场战争中，各国人民互相残杀，国家的财富都花费在了军事上。在短短的时间内，中欧的很多地区因为战争而变成了一片废墟，人民的生活潦倒贫困，有时候为了能吃到一匹死马，必须跟更加饥饿的野狼搏杀。不少于80％的德国城镇和村庄都在战火中毁灭。战争之前，德国的国民人口为 1800 万，战争结束的时候，它的人口仅为 400 万。

不过这长达三十年的宗教战争却给了欧洲人一个非常大的教训：动武需慎重！欧洲的各国人民在新的日子里，小心翼翼地与邻国人相处，尽量做到彼此不打扰、不干涉。但是这并不意味着，宗教的区别与斗争就此结束，暗涌仍无处不在。不过，让人无奈的是，各国之间的斗争虽然暂时平息了，但是国内的斗争又起来了。在荷兰，因为争执到底什么才是宿命论的实质，新教徒又出现了几派，奥登巴尼维尔特的约翰成为这场争论的牺牲品，人头落地。约翰曾经为共和国的成功立下过汗马功劳，曾经把东印度公司管理得非常成功，即便如此，依然是这个下场。

在英国，同样发生着这样的争吵，并且争吵演变成了内战。

英国在过去五百年间只做了很小的事情，但是却改变了整个历史，因此，对英国历史有一定的了解，对于理解后来的历史十分重要。下面，我们开始进入对英国历史的讲述……

第三十九章
英国大革命

第一个到欧洲西北部探险的人是恺撒，他在公元前 55 年率领军队横渡大海到达英格兰，并且将它占领。所以在后来的四百年里，英国只是作为罗马的一个附属行省存在。后来罗马被日耳曼人侵犯，本来驻守在英国的士兵全部回到卫国，英国就成了一个无人看管也无人保护的孤单岛屿。当日耳曼的撒克逊部落知道这个消息以后，便垂涎起那片肥沃的土地，于是他们立刻赶了过去，将英国霸占。他们在英国的土地上建立起了许多小国，因为缺少一个统一的国君，这些小国整日争吵，在 11 世纪的时候，英国被丹麦帝国侵略，英国从此丧失了最后的一丝独立权。

很多年过去以后，丹麦人被赶走，英国重获自由。但不久后，纳维亚人的一支后裔又将英国占领，这些纳维亚人在10世纪初的时候侵犯法国，在法国建立起诺曼底公国。他们的首领威廉一早就觊觎着英格兰这片土地。1066年10月，他带兵进攻英格兰，14日发动了黑斯廷斯战役，不费吹灰之力就将最后一位撒克逊国君打败，然后自立为王。但是，威廉从来没有把这个富饶的岛屿看做是自己的家园，包括后来的安如王朝和金雀王朝也是。他们只把它看做是领土的附属品，并且这件附属品不经教化，里面的人民都是野蛮之人。但是让他们没有想到的是，后来英格兰发展成一个比它的主国“诺曼底”王国还要繁荣的国家。后来，英格兰土地上的诺曼底人又想侵犯他们的邻居——法国。但是法国的圣女贞德带领着法国人把这些外国人赶了出去。圣女贞德是一位了不起的巾帼英雄，但是让人遗憾的是，她后来在贡比涅战役中被捕，后来又转卖给英国人，英国人把她当成是女巫，将她活活烧死在柱子上。

到了15世纪晚期，英格兰成为了一个中央集权帝国，统治者是都铎王朝的亨利七世。他为了巩固政权，在政治上采取非常强硬的手法，设立了所谓的“星法院”，采用询问制的审判，一旦有谁犯了错误，就要被严刑逼供。只要一提他的这个“星法院”，英格兰人民都心惊肉跳。国家的一切贵族遗老都被他镇压，永无翻身的希望。

亨利七世去世以后，他的儿子亨利八世继承了王位。不

得不说，正是在这位国君的统领下，英国历史才翻开了新的一页，得到了巨大的发展。

与很多国君不同，亨利八世对宗教的态度较为冷淡，又因为多次离婚，使得他与教皇之间有不少摩擦，亨利不想买教皇的账。所以他决定挣脱罗马教廷，让英格兰教会成为自己国家的国教，并且由他本人来充当国民的精神领袖，这样，他就集世俗管理与精神管理于一身了。英格兰的神职人员纷纷支持他，因为他们长期以来都受到路德派的攻击，并且他们不愿意其他国家的人来统治国民的灵魂。

1517 年，亨利八世去世，继承他王位的儿子只有 10 岁。监护小国王的人对于路德派教义极为推崇，所以他们扶持国内的新教事业发展。但是这位小国王还不到十六岁就不幸夭折了。继承王位的人是亨利八世的女儿，即小国王的姐姐玛丽。玛丽当时已经嫁给了西班牙国王菲利普。她崇拜自己的丈夫，对于丈夫信仰的天主教怀有无比的敬意，所以她一上台就要求恢复天主教的地位，将国内的所谓新“国教”推翻，那些新“国教”的主教全部被玛丽下令烧死。

魔女般的玛丽死在 1558 年，这是一件幸事，如果她再活多几年的话，还不知道会造多少孽。这一次，继承王位的人是伊丽莎白。伊丽莎白是亨利八世和他的第二任妻子安娜所生，安娜后来失宠，被亨利八世所杀。玛丽当国王期间，曾下令将伊丽莎白关在监狱里。罗马帝国的皇帝知道以后为她求情，玛丽才勉强把她放出来。所以伊丽莎白对玛丽的恨意可想而知，后来她把这份恨意延伸到西班牙的一切以及天主教。她和她的父亲一样，对宗教毫无感情；另外，她也跟她的父亲一样在政治上颇有才能，特别在知人善用上，伊丽莎白更是青出于蓝而胜于蓝。在伊丽莎白统治英国的四十五年里，王权更加强大，英国的财政与税收也有了让人吃惊的升幅，众多的男性大臣都忠心耿耿地辅助女王，那个时期是英国历史上值得挥写的一段辉煌期。

但是，伊丽莎白也不是高枕无忧的，对于自己的王位，她要时刻担心着一位老对手，那就是斯图亚特王朝的玛丽。读者们，注意了，这个玛丽非西班牙的那个玛丽。这个玛丽的妈妈是一位法国公爵夫人，而她的爸爸则是苏格兰的贵族。玛丽嫁给了法国国王弗朗西斯二世，但是不久后弗朗西斯就去世了，玛丽成了寡妇。玛丽的婆婆是著名的历史人物凯瑟琳，她来自美第奇家族，是一位心狠手辣的统治者，曾经轰动一时的圣巴托罗缪之夜的大屠杀，就是她策划的。玛丽信仰天主教，而伊丽莎白憎恨天主教，所以她们很自然就站在了不同的队伍中。开始时，玛丽并不在英国境内，因为她采取异常强制的手段镇压苏格兰境内的加尔文教徒，遭到强烈的反抗，引起了国家的暴动。她被人追杀才逃到了英格兰境内避难。在避难的 18 年里，她没有一天停止过要杀死伊丽莎白的想法，她每天都在策划要怎么才能颠覆英国当朝

政府。最终，伊丽莎白忍无可忍，在忠心大臣的进谏下，杀了玛丽。

1603 年，伊丽莎白去世，享龄 70 岁。继承王位的是她的表亲，亨利七世的曾孙子，詹姆斯一世；詹姆斯是玛丽·斯图亚特的儿子，而玛丽则被伊丽莎白所杀。历史真是具有讽刺性。在那个时候，欧洲的其他国家发生了严重的宗教冲突，天主教和新教为了争夺教派的地位，加足了油彼此拼杀。而英国则一片太平，宗教在慢慢地改革，没有走路德教派和罗约拉教派的极端老路。所以在这个时期里，英国抓住了时机积累财富，为后来的殖民地争夺战做了最充分的准备。从那时候起，英国就成为了国际事务中的主导者，直到现在依然如此。

虽然继承了王位，但是斯图亚特家族的人在英国人眼里只不过是“外国人”，他们在国内没有获得足够的认同感。但是他们对于这一事实采取鸵鸟战术，只是把头埋到沙堆里，装作不知道。如果都铎家族的人在英国国土上牵走了一匹马，也不会有谁过多地说些什么，但如果是斯图亚特家族的人多看了一眼马的缰绳，也会被人看做是强盗。伊丽莎白掌握政权的时候，意气风发，要什么有什么，但是她始终都记得要确保国内商人的利益，正是因为这样，所以哪怕她后来剥夺了国会一些权力，国内的商人阶层也依然支持她。

詹姆斯表面上虽然贯彻了伊丽莎白时代的种种政策，但是却缺乏一种灵魂精神，人们从他身上看不到伊丽莎白式的激情。更重要的是，詹姆斯像伊丽莎白那样鼓励海外贸易，天主教徒也依然受到打压。但是当西班牙向英国示意友好的时候，詹姆斯马上对西班牙表现出极大的热情，英国人看在眼里，心里十分不爽，只是碍于他是国君，也不好多说什么罢了。

逐渐地，詹姆斯表现出了自己更大的野心，人们越来越不能容忍他。他认为自己的王位是“君权神授”，是上帝的旨意，所以他代表上帝，想做什么就做什么，不需要征得任何人的同意，他在管理国家事务方面都是随心所欲的。在欧洲，国王的“君权神授”思想较严重，历史上对这种思想的真正否定发生在1581年，地点在荷兰。荷兰的国王菲利普因为损害了大部分国民的利益，最后被当时的国民议会废黜。这件事情以后，在北海沿岸的国家都被一种理念所影响，那就是国王应该服务子民。荷兰在废黜菲利普的时候，靠的是有恃无恐，因为荷兰的富商手里持有维持军队开支所需要的资金，这是“神圣的财权”，他们有资本与国王谈判，国王不从，就能把他废黜。

英国也如此。

詹姆斯的儿子查理一世与他一样，都认为自己的权力是无边无际的，他自己可以为所欲为。他滥用权力，而又不为国民做一丁点儿事情，这让国民的不满越积越多，最后一触

即发。英国的中产阶级首先站出来阻止国王。他们利用国会牵制查理一世，但是查理一世不但没有丝毫的让步，而且马上就把国会解散了。所以在后来的11年时间里，查理一世完全凭借自己的意愿管理国家，他非法增加税收，把国家领土当成是他自己的庄园随意摆弄，他的身边都是那些爪牙和帮凶。

后来，查理一世与自己的苏格兰同胞也吵了起来，苏格兰人的拥护是他的后盾，他却不懂得珍惜。为了凑集急需的资金，查理一世不得不重新建立国会，但是最后却是不欢而散。过了几个星期，这个新的国会也遭到了解散。1640年11月，又一个新的国会产生了，这个国会比第一个更具有力量，国会的议员清醒地认识到，对于国家是“君权统治”还是“国会统治”，必须要有一个定夺，继续这么稀里糊涂地走下去，对国家是非常不利的。他们首先处死了六个强硬的国王顾问大臣，然后宣布，没有国会的同意，任何人都无权解散国会，包括国王在内。最后，他们向查理一世提交了一份文件——《大抗议书》，里面都是英国子民对他的不满与怨言。

1642年1月，查理一世到乡村去寻求支持自己的力量，君主专政与国会专政都为彼此的最后决斗准备着。英国的清教徒站到了国会专政这一边，他们组成了一个“圣徒兵团”，将军是奥利弗·克伦威尔，这个兵团有着铁一样的纪律，为

着神圣的目标而冲锋陷阵。不多久，查理一世就战败了。后来他逃命到苏格兰，但是苏格兰非但没有收留他，反而把他卖回给英国。而克伦威尔带着军队冲进了国会，把所有不服从清教徒的议员全部都驱散，然后组建了一个特别审判团，宣布国王查理一世已经被判死刑。

1640 年 1 月 30 日，查理一世走上了断头台。英国成为世界上第一个由国会处死国王的国家。

查理一世死了以后，英国进入了克伦威尔时代。克伦威尔一开始只是暂代国王的职务。1653 年，他正式成为护国公。在他统治的五年时间里，他继续沿着伊丽莎白的路子走，推行她之前的政策。西班牙再次成为英国的死对头。

克伦威尔统治英国期间，他把国家的贸易当做重中之重，商人的利益高于一切，他在宗教方面严格实行新教教义。无可否认，克伦威尔在维持国家地位方面取得了良好的效果，但是对于社会改革，他却做得一塌糊涂。其实，分歧是一件很正常的事情，因为这个世界本来就是由不同的人组成的，如果一个政府只能代表部分社会成员的利益，并且始终只是为这部分成员服务，那么这个政府是无法长期存在的，最终都会破灭。清教徒曾经在反抗国王上付出过巨大的勇气，获得辉煌的成就，但是他们作为英国的统治者，其严苛的信仰要求几乎让国民窒息。

1658 年的时候，克伦威尔去世，英国国民丝毫不感觉

到难过，因为在他的那些酷政下，国民过着一种沉重的生活。所以斯图亚特王朝复辟对于英国国民来说是一件很开心的事情，他们认为，只要斯图亚特王朝的统治者不再走父辈“君权神授”的老路子，承认国会的政治地位，那么一切都会非常好，起码比现在好。

只可惜，斯图亚特王朝的统治者并没有吸取古老的教训，依然犯着同样的错误。

1660 年，查理二世成为了英国的统治者，他是查理一世的儿子。查理二世是一个没有什么才能的庸人，性格十分懦弱，却擅长说谎，善于粉饰，这使得他在做国王期间，没有与国民起过什么大的冲突。1662 年，他颁布了一部《统一法案》，把所有不以国教为信仰的神职人员全部清理出教区，清教徒受到了沉重的打击。接下来，他又采取了一系列的措施来加强自己的王权，人们似乎又看到了“君权神授”的兆头，于是国会及时地停止了对国王的资金供应。

但是查理二世并不因此罢手，他秘密派人到法国路易国王那里去，向路易国王借钱，这是因为路易国王是他的近邻，而且还是他的表兄。为了每年 20 万英镑的利益，他出卖了自己的新教徒同盟战友，他偷偷地嘲笑那些国会的傻瓜，嘲笑他们以为用钱就能制服他。

查理二世在经济上获得独立以后，在国内更加肆无忌惮。他记得在流亡的那些岁月里，都是他天主教的亲戚收留

他，因此，他怀念起天主教的恩情来，心里暗暗下了决心要把罗马教会带回英格兰国土。于是，他颁布了法律《赦罪宣言》，把所有打压天主教徒和非国教徒的法律统统都取消。刚好在那个时候，他的弟弟詹姆斯宣布改信天主教，所以英国国内的民众对此都多有猜测，他们忧虑查理二世和教皇之间在密谋什么计划，不安的情绪在整个岛国蔓延。但是如果让他们选择，他们宁愿选择被一位信仰天主教的国君统治，也不愿意选择再次内战。但是，有些贵族却坚决反对回到专制王权的旧时代去。

在差不多十年的时间里，英国的两个党派——“辉格派”和“托利派”一直都在相互斗争，但是这两个派别谁也不敢越雷池一步，没有进一步地引发大的斗争。查理二世去世以后，信奉天主教的詹姆斯二世继承了王位。詹姆斯比他的哥哥更加没有头脑，行为更加偏激。他一上台，就组建了一支“常备军”，这支军队由信奉天主教的法国人指挥，这无疑是跟全国人民作对；紧接着，他学着哥哥的样子也颁布了一道《赦罪宣言》，并且强制所有的国教教堂都必须宣读它。他的这些行为已经完全超出了英国人民的底线，哪怕是英国人民最最爱戴的国君，除非有非常特殊的情况，不然也不敢有此行为。国教教堂有七个主教坚决拒绝宣读这道法律，于是詹姆斯马上指控他们犯了“煽动性诽谤罪”，把他们交给了法庭处置。但是出乎他意料的是，法庭的陪审团最

后宣布这七个主教“无罪”，这一结果引来了人们热烈的掌声与欢呼。

活该詹姆斯倒霉，在这个时候，他的第二任妻子玛利亚有了个儿子，这本来是件高兴的事情，但是玛利亚信奉的是天主教，这就代表着将来继承英国王位的人是信奉天主教的。如果玛利亚没有生下这个孩子，按照法律，王位应当由詹姆斯二世的姐姐玛丽或者是安娜继承，玛丽和安娜都是新教教徒，这就没有什么问题了。人们纷纷猜测玛利亚这个孩子的来源，他们不相信看上去已经很老的玛利亚还能生出孩子来，他们认为这肯定是一个巨大的阴谋，肯定是詹姆斯让耶稣会的教士从宫外偷进一个来历不明的孩子，这样以后的王位就能由一个天主教徒继承了。民间的传言越来越凶猛，眼看着内战又要掀起。在这个节骨眼下，辉格和托利两个派别中的七个权威人士联名写了一封信给荷兰共和国的元首威廉三世。威廉三世是詹姆斯二世的长女玛丽的丈夫，信的内容阐述了英国眼下的形势，并且邀请威廉三世到英国来做国王，取代他那个不合格的岳父。

威廉收到信件以后，决定出发，他于 1688 年 11 月 15 日在英国的图尔必登陆。威廉不忍心自己的岳父成为内战的牺牲品，所以帮助他逃往法国。1689 年 2 月 13 日，威廉和他的妻子玛丽共同成为了英国的国君，阻止了内战的发生。

国会利用这个大好时机翻出了 1628 年的《权利请愿

书》。紧接着，他们又推出了一个《权利法案》，规定英格兰的王位必须由信奉国教的人来继承。在该法案中，他们还明文规定，国王没有权力暂停法律的实施，也没有权力赋予某些人特权可以超越法律，也就是说，每个人在法律面前，都是平等的；如果没有国会的同意，国王没有权力征税也没有权力组建军队。

就这样，国会为自己争取到了更大的权力，而英国的国民得到了欧洲其他国家国民连想都不敢想的自由。威廉的统治在英国的历史上算是值得称颂，很大一部分原因是他在位期间采用了一种“责任”内阁的政治制度。他从各个党派中挑选出一些人来做自己的顾问，形成内阁。后来国会的权力越来越大，当辉格党派占据了国会的大部分席位的时候，威廉如果想依靠托利党派来推行自己的政策就办不到了。慢慢地，托利党被清除出内阁。后来，辉格党派在国会上的势力减弱，托利派兴起，威廉又不得不向托利派求助。威廉在位期间，一直都忙于和法国的路易国王打仗，国内的事务基本都交给他的内阁来处理。

1702 年，威廉去世，他的妻妹安娜继承了王位，国内大事依然由内阁来掌管。1714 年，安娜去世，她本来有 17 个儿女，但是在她去世之前，她的这些子女就已经全部去世了，所以英格兰的王位由詹姆斯一世的外孙女的儿子乔治来继承。

乔治来自汉诺威家族，他的头脑非常简单，对于是怎么稀里糊涂坐上这个王位的，他还没有搞清楚。他从来没有学过英语，英格兰的政治体系又复杂如迷宫，开会的时候乔治就跟听天书一样，傻子一样地坐在那里。所以他干脆把所有的大事小事都交给内阁来处理，自己屁颠屁颠地跑回欧洲的大陆。内阁也就不再打扰皇帝，自己担当起自己的责任来。

乔治一世和乔治二世统治时期，国王内阁的成员最主要是辉格党党员，因为辉格党占据了国会的多数席位，所以它的首领也就很自然地成为了国王内阁的首领。到了乔治三世的时候，国王想要把权力夺回去，国内的事务不再全权交给内阁来掌管，但是遭到了严词拒绝，并且引发了灾难性的后果。后来的国王们以此为鉴，都不敢再有这样的想法。

我们可以看到，在 18 世纪初期的时候，英国就有了一个代表制的政府，国家事务由责任内阁成员处理。这就是现代议会制政府的雏形。虽然这个政府代表的依然不是全国人民的利益，但是国会的人民代表人数日益增加，民主性也在增加。

这是历史巨大的进步，也使得英国在后来欧洲大陆的革命浩劫中得以平安度过。

第四十章

俄国的故事

1462年是一个值得纪念的年份，因为在这一年，哥伦布发现了美洲，也是在这一年，一个名叫施纳普斯的人带着一封大教主交给他的介绍信，率领着一支科学远征队去寻找莫斯科帝国。莫斯科帝国在很久之前只是人们口中的一个传说，人们并不知道它的准确位置。施纳普斯历尽千辛万苦终于来到了这个国家的边境，但是却无法进去，因为一切外国人都不允许进去，即便有什么介绍信也没有用。施纳普斯没有办法，只能转头去土耳其，对君士坦丁堡作一番调查，然后回去汇报给教皇，也算是有所交代。

1523年，英国有一个船长名叫理查德·钱塞勒，他本来想去寻找去印度的东北航道，最后却被一场风暴刮到了白

海，然后又稀里糊涂地来到了霍尔莫戈里村，这个村子离阿尔汉格尔城只有很短的路程了。钱塞勒的运气好一些，他被带到了莫斯科，见到了大公。事情的结局非常完美，钱塞勒带着和俄罗斯的通商条约回到了英国。这是俄罗斯与欧洲签订的第一份通商条约。

这次以后，欧洲的其他国家蜂拥而至，人们终于开始清楚俄罗斯是一块怎样的土地。俄罗斯是一片大平原，乌拉尔山脉比较低矮，不足以成为隔绝外敌的屏障，有许多浅水河给游牧业提供了方便。

公元 9 世纪的时候，一些北欧人到俄罗斯的北部定居下来；公元 862 年，北欧的三兄弟横渡波罗的海，在俄罗斯草原上建立了三个小国家。后来，这三兄弟当中活得最久的鲁里克将另外两个小国兼并过来，建立了斯拉夫王朝，王朝以基辅为首都。

基辅离黑海只有很短的一段距离，所以不久后，君士坦丁堡就知道了这个国家的存在。基督教的传教士非常高兴，因为这意味着他们可以到这片“野蛮”之地去布道了。很快地，拜占庭的那些传教士就到达了俄罗斯的土地。俄罗斯在那个时候信仰的东西都生活在森林、河流或者是山洞。这让传教士们非常奇怪，他们感到给这些俄罗斯人传达耶稣的福音是一件迫在眉睫的事情，他们开始给当地人讲述耶稣的故事。俄罗斯人很快就被基督教教义所征服，并且还从这些传

教士身上学到了文字、建筑与艺术等方面的基础知识。

因为受到北欧的历史文化影响，生活在俄罗斯平原上的国家都保留着传统的做法，当国家的国王死去以后，他们留下的所有遗产都必须平均分给儿子们。本来这些国家就很小，再分成好几块，儿子们死去了以后，再平均分成几块……慢慢地，草原上布满了大大小小的国家。小国家那么多，而且还是你靠着我、我靠着你，所以战争的爆发是不可避免的。俄罗斯当时的情形可以说是一片混乱。可想而知，当俄罗斯面对外来侵犯的时候，它是有多么不堪一击，因为它既没有一个强大的中心力量，也无法联合所有的小国团结起来。

鞑靼人 1224 年开始攻击俄罗斯。已经征服了中国、布拉哈、塔什干等国家的成吉思汗将战火开到了俄罗斯的边境，俄罗斯的军队不堪一击。幸亏在这个时候，成吉思汗突然撤回，让俄罗斯人松了一口气。但是过了十一年以后，鞑靼人又来了，这次，他们在俄罗斯打了差不多五年，横扫俄罗斯整个平原。直到 1380 年，莫斯科大公顿斯科伊反击鞑靼人并取得胜利，俄罗斯人才重获自由。

从鞑靼人开始入侵到最后把他们赶跑，前后花费了差不多 200 年的时间。在这两百年里，俄罗斯人成为了鞑靼人的奴隶，受他们的驱使与欺辱，俄罗斯人变得毫无尊严可言，他们忍受着饥饿、殴打与各种虐待，上至贵族、下至平民全都变成了丧家犬。俄罗斯人也想过逃跑，可是他们能往哪里

逃呢？俄罗斯一望无际的大平原变成了俄罗斯人致命的弱点，因为它让俄罗斯人无处藏身，而且鞑靼骑兵快如闪电，不用一会儿的工夫就追上了他们。俄罗斯人也曾经盼望过欧洲人能伸出援手来搭救他们，但是欧洲人忙着和教皇吵架、和那些异端分子斗智斗勇，哪里有空来拯救他们呢？一切的盼望都是白搭。

能救自己的，只有自己人。

在俄罗斯平原的心脏地带有一个由北欧人建立的小国，这个小国的首都是莫斯科。这个小公国非常聪明，它懂得在必要的时候讨好鞑靼人，以获得生存；而在合适的时候，它又会反抗鞑靼人。就这样，它在险境中一点点壮大起来。在14世纪的时候，这个小公国成为了俄罗斯公国的领袖，那些对于未来还没有完全绝望的俄罗斯人集中到了莫斯科。1453年，君士坦丁堡被土耳其人攻占。1463年，莫斯科知会西方：莫斯科将完全继承君士坦丁堡的一切物质财富与精神财富。又过了一代人的时间，莫斯科变得更加强大，它的大公骄傲地用沙皇作为自己的名号，大家知道，这本来是恺撒的名号。

17世纪，俄罗斯的领土不断地扩张，边疆已经延伸到西伯利亚，俄罗斯成为了欧洲不能小觑的一股新势力。1618年，俄罗斯的统治者鲍里斯·戈特诺夫去世，俄罗斯选举了自己人做新沙皇，他就是费奥多的儿子米哈伊尔。在继承皇

位之前，米哈伊尔一直都隐居在一间小房子里，小房子离现在的克里姆林宫非常近。

1672年，米哈伊尔的曾孙子彼得呱呱坠地，本来他是新一代的沙皇继承人，但是在他十岁的时候，同父异母的姐姐索菲亚篡了王位，成为了沙皇。彼得为了逃过追杀，一直流落在民间。他秘密地搬到了外国人聚居的郊区，混迹在外国人中间。他先后接触过苏格兰酒吧主、瑞士药剂师、意大利理发匠、法国舞蹈教师和德国的小学老师，他对欧洲的其他地方有了一定的了解，知道在俄罗斯之外还有一个更精彩的存在。

七年之后，彼得利用自己的聪明和别人的帮助，出其不意地把索菲亚拉下了皇位，成为新的沙皇。因为之前的经历，使得他不满足于只是做一个跟前辈一样的国王，他下决心要让俄罗斯成为一个真正的文明之国。不过，俄罗斯身上有着拜占庭文化痕迹，也有着鞑靼人的血液，要把二者很好地结合起来并进行改造，是一件非常困难的事情，这要求新沙皇具有强硬的手段与聪明的脑袋。刚好，彼得拥有两者。1698年，这种改造真正开始将欧洲的血液搬到俄罗斯的体内。这个大手术艰难地进行着，大手术结束的时候，俄罗斯摇摇晃晃地走下了手术台。事实证明了，这次手术并不算成功，因为在后来的五年里，俄罗斯一直都处在非常不健康的状态。

第四十一章

俄国与瑞典的争斗

公元 1698 年，沙皇彼得带着一腔热情开始了他的西欧之旅，他经过了柏林，到荷兰和英国拜访。他心里有一个梦想，想要为俄罗斯开辟一条通向大海的道路。俄罗斯是一个内陆国家，要开辟这样的道路并不是一件简单的事情。但是彼得一直都记得在他还是一个小孩子的时候，有一次他趁着父亲不注意，爬上了池塘里父亲自制的一艘小船，差点被淹死。在那次冒险中，彼得感觉到内心那种对于水上事业的渴望。所以彼得决定无论多难也要完成心中的梦想。

当彼得一心一意在国外考察，想要完成梦想的时候，国内却发生了危险。莫斯科里的旧贵族想要恢复旧制，对于彼得的改革非常憎恨，所以他们密谋颠覆彼得的统治。皇家卫

队斯特莱尔茨骑兵团首先发动了叛乱，彼得听闻消息，放下一切飞快地赶回俄罗斯。一回到国内，他当机立断，马上将斯特莱尔茨骑兵团的人全部绞死或者肢解，并且示众。他查出叛乱的幕后指使者就是他的姐姐索菲亚。原来她下台以后，一直都没有死心，从来没有停止过对王位的渴望。彼得将她锁在一所修道院，软禁起来，让她在里面好好反省。这次以后，在很长的一段时间里，彼得的统治非常顺利，没有谁敢反对。

但是当彼得第二次到西欧出行的时候，历史却又重演了。他的儿子阿列克谢叛乱，彼得不得不半途折回。回去以后，他怒火冲天，把阿列克谢关到牢房里，然后把他活活打死，其他的乱党则被流放到西伯利亚的铅矿，许多人在长途的跋涉中死去。经历了这一次以后，俄罗斯再也没有人敢反抗彼得的统治，彼得大刀阔斧地继续改革大业，一直到他离世。

历史上，彼得是一个强势有力的人，他做事情从来不按常规出牌，一有空就颁布法令，造成俄罗斯的法令满天飞。在每部法典中，都清楚地写明了每个阶层人民必须要尽的责任和义务，并且法典都被印刷出来发放给民众。他有一种一定要让俄罗斯从头到脚换一遍的决心。在他统治期间，他为俄罗斯建立了一支强大的陆军，这支陆军共有 20 万人；还建立了一支 50 艘战舰的海军。旧的制度在非常短的时间内

就被他消除得一干二净。

彼得嫌俄罗斯的城镇太少了，于是下令要求各个城镇都要修筑道路，打造城镇，城镇的地址由彼得大帝来定，而他定的原则是他喜欢哪里就定在哪里，完全不考虑离原材料所在地有多远。除此之外，彼得还下令创办了许多的学校：中小学、高等学校、医院和职业培训学校。印刷厂络绎不绝地成立，但是它们印刷的书籍必须要经过皇家的审查才能通过。当然了，俄罗斯民众的服装也受到了彼得的干预，彼得不允许他的子民还穿着旧式的俄罗斯服装，要求他们都穿成西欧人的模样，凡是有谁不按要求着装的，都被彼得的士兵用剪刀改造。

在宗教上，彼得也显示出自己的霸道，他不允许有人与他分享权力。所以，他自任为俄罗斯教会的首领，他不光要在物质生活中统领他的子民，而且在精神上也要成为他们的领袖。但是，在俄罗斯仍然存在一些旧势力，他们不肯放弃颠覆彼得王朝的希望。彼得想来想去，决定另外建立一个首都，但是让大家没有想到的是，这个不按常理出牌的大帝在波罗的海挑选了一个沼泽地作为新都的地址，并且命名为圣彼得堡。从1703年开始，彼得就着手开始建立自己的新都，他雇佣了四万个农民为新都奠定地基。正在这个时候，瑞典人袭击俄罗斯，企图摧毁这座正在建设中的新城市。让人无法忍受的生活环境加上瘟疫蔓延，使得正在筑城的农民大片大片地死去。但是即便在这种情况下，彼得大帝的心也没有丝毫的动摇，建筑工程依然坚持不懈地进行着。几年以后，这座完全由人工来打造的新都开始像模像样。又过了十几年，这座新城市的总人数就达到了 75000 人。涅瓦河的水每年都会泛滥两次，毁坏了不少城市里的建筑，但是彼得大帝的心比这些洪水要坚固得多。他率领大家建筑堤坝、运用运河，将洪水彻底征服。到了 1725 年，也就是彼得大帝逝世的这一年，圣彼得堡已经是北欧最大的城市。

彼得时刻提防着他的强大对手瑞典。1654 年，瑞典国王的独生女克里斯蒂娜对外宣布她将放弃继承王位。她去了罗马，成为上帝的仆人。国王的侄子继承了王位，他就是查理十世。瑞典在查理十世和查理十一世时代到达了一个全盛的时期。但是好景不长，1697 年，查理十一世突然去世，继承王位的查理十二世只有 15 岁。

在 17 世纪的宗教斗争里面，瑞典常常牺牲邻国的利益换取自己的发展，所以在这个时候，北欧国家都认为报仇雪恨的时候到了。战争爆发了，俄国、丹麦、波兰和萨克森是一方，瑞典是另外一方。1700 年 11 月，俄国的军队与瑞典发生了纳尔瓦战役，俄国的军队因为没有受过系统的训练，被瑞典打得落花流水。瑞典当时的国王查理十二世是个军事奇才，非常有魄力，一举打败俄国军队以后，他马上对付其他的敌人，波兰、丹麦、萨克森还有波罗的海沿岸地区的所

有城市、村镇都被他占领。彼得在这个时候只好在自己的国土上加紧训练士兵，养精蓄锐。

当 1709 年发生了波尔塔瓦战役的时候，彼得所付出的一切努力都有了回报。这一次，俄国的军队把瑞典的军队打得屁滚尿流。查理十二世遭遇了军事上的第一次惨败，但是他并没有气馁，依然充满了信心，他的国民也丝毫没有减弱对他的崇拜之情，他依然是瑞典人心中的英雄。但是后来，他的战争都不顺利，他一次次想要复仇，却一次次地失败，瑞典在这些失败的战争中一步步衰弱。1718 年，查理十二世离奇身亡。1721 年，瑞典签订了《尼斯特兹城和约》，除保留了芬兰，瑞典其他的地区都丧失了。

而彼得一首缔造的新俄罗斯大国，成为了北欧地区最强的国家。

第四十二章

美国革命

讲述美国的历史，我们需要回顾欧洲各国争夺殖民地的时期。那时候，欧洲建立了很多个国家，这些国家中强大国家的君主在美洲、亚洲和非洲抢占殖民地。

西班牙人和葡萄牙人很早的时候就在印度洋和太平洋地区开拓领土，一百年后，英国人和荷兰人加入了殖民地的抢夺竞争中去。他们受到的待遇比西班牙和葡萄牙要好得多，这是因为英国和荷兰非常聪明，他们不太贪心，只要居民们能给他们提供香料、金银和税收，其他的事情他们不会管，这给殖民地上的人们非常大的自由空间，因而殖民地上的人们把他们看做是朋友。

不久之后，英国和荷兰就为了占有更多的殖民地而大打

出手，但是，他们的战争是在三千英里以外的大海进行，对殖民地上的居民影响不大。很明显，英国非常容易就取得了胜利。后来，英国和法国之间又爆发了战争，他们是为了已经发现的殖民地以及还没有发现的殖民地而战。1497 年，卡波特登陆了美洲的北部；27 年过后，乔万尼·维拉扎诺也登陆了美洲。前者代表英国，后者代表法国，他们都宣称自己的国家是这片北美大陆的主人，战争由此而来。

17 世纪，英格兰人在缅因州和卡罗莱纳州之间建立了十几个小殖民地。那时居住在这片殖民地上的人是一些不信仰英国国教的人，他们为逃难而来，把家安在海岸边上。因为远离了朝廷的争斗以及教会的强迫，这些逃难的人们呼吸到了新鲜的空气，享受着一种全新的自由的生活。但是被法国人统治的殖民地却不是这样的情形。为了不让新教教义传给当地的印第安人，法国严禁胡格诺教教徒和新教徒踏上这片土地。英国的殖民地是国内中产阶级延伸而来，而法国的殖民地上却居住着一些暂住的人，他们总是想方设法要回国。

但是，英国的殖民地在战争中处于劣势。在 16 世纪的时候，法国人就登上了圣劳伦斯河口，他们的殖民地一直扩展到了密西西比，在墨西哥湾上建立了许多要塞；后来经过了一百年的摸索，法国建立了六十多个要塞，组成一个防线，把英国的殖民地隔绝在北美腹地之外。

一开始的时候，英国政府在给殖民公司的土地许可证上写着："东岸和西岸的土地都归属"，但是这张许可证根本就无法兑现，因为英国的土地只在法兰西的地盘之外。后来为了实现这张许可证上的内容，英国和法兰西之间在边境又起了争斗。

英国的海军和法国的海军前前后后发生了大大小小的战争，法国由于不能及时地从祖国那里得到援助，很多殖民地就归到了英国人手中。后来，两个国家签订了《巴黎和约》，北美的整个大陆都为英国人所有。那时候，北美大陆虽然占地广阔，人烟却非常稀少，尽管如此，生活在这片大陆上的人们却很自由、快乐，他们的性情完全和国内的同胞不同。因为很多土地需要开荒，他们学会了自力更生、吃苦耐劳，养成了不畏惧困难的坚强品质。这些漂洋过海而来的新移民对于国内的那套生活态度与方式感到无比厌倦，他们想要过一种完全不同的生活，完全按照自己的内心所想生活。英国的政府嗅到了殖民地上叛逆者蠢蠢欲动的味道，对此感到非常不满意，而那些新移民们则对政府的反应非常反感。

新移民者与英国政府的矛盾越积越多，后来英国政府感到通过谈判是难以解决这些矛盾的，所以决定采取武力，雇佣了日耳曼人做佣兵。新移民者只有两个选择，争取独立，要不就被日耳曼人士兵杀死。英国政府与新移民者之间的战争前后进行了七年的时间，在这段漫长的岁月里，叛逆者们

常常看不到希望的曙光，但是靠着华盛顿的坚定信念，殖民地的独立事业终于进行到了最后。

华盛顿证明了有信念的人会散发出一种难以置信的精神魅力。他指挥着那支几乎没有什么装备的军队，顽强地抵抗着国王的军队，他的士兵勇敢无比，一次次地坚持着。在眼看就要失败的时候，华盛顿聪明的计谋总能起到作用，扭转整个局面。华盛顿的士兵们经常吃不饱穿不暖，在寒冷的冬天，只能蜷缩着躲在壕沟里。在这种条件下，他们凭借着自己不达目的不罢休的勇气，取得了最后的胜利。

我们很有必要来看一桩发生在独立战争初期的事件。那是战争开始的第一年，北美沿海的大部分地区还在英国政府手中，英国的救兵一艘船、一艘船地从英国来，情势对新移民者非常不利。在这个危险关头，不同殖民区的领袖们聚集到了费城，在 6 月，他们做出了一个重大的决定。一个名叫理查德·亨利·向的殖民区代表在大陆会议上提出："所有联合起来的殖民地有权而且理应成为自由而独立的州。它们不再隶属于英国王室，它们与大不列颠帝国之间的一切政治联系也不存在。"这项提议在 7 月 2 日通过。在 1776 年 7 月 4 日，大陆会议郑重发表了《独立宣言》。这个宣言是托马斯·杰弗逊所写，他是美国历史上非常有名的总统，他心思缜密、通晓政治、精通管理，在位期间，各项工作都做得非常出色。

继《独立宣言》发表以后，殖民地获得了最终胜利。1787年，历史上第一部成文宪法通过。这些事件引起了欧洲的骚动，他们惊讶地看着那个方向，不知道这个世界正发生着怎样翻天覆地的变化。在欧洲的许多国家，有许多人怀疑着现有的经济与政治制度，但是他们不敢行动。而美国独立战争的胜利告诉他们，有所怀疑是对的，而有所行动一定会有所回报。

有一位诗人曾经描述说，莱克星顿的枪声“响彻了全球”，这虽然有点夸大，但是的确说出了这个事件对于人类史的重要意义。

这枪声在法国所引起的爆炸是人们难以想象的。

第四十三章

法国大革命

曾经有一位出色的俄国作家给“革命”下过这样的一个定义：“在短短数年之内，迅速地推翻过去几个世纪以来根深蒂固的国家制度。无论这些制度曾经多么天经地义和牢不可破，乃至于最激进的改革者都不敢在理论上去攻击它们。革命就是让旧有的社会、宗教、政治与经济根基在瞬间土崩瓦解的过程。”

这样的一种革命最先在18世纪的法国发生，当然，这是有原因的。路易十四统治法国长达72年，在这72年间，路易十四的统治越来越专制，他成为国家一切大小事务的主宰。那些曾经扮演着国家公务员的贵族变得无事可做，整天在凡尔赛宫廷里出出入入，成为一种装饰品。大家都知道，

历史上，18 世纪的法国宫廷洋溢着一种奢靡的风气，耗费非常多，国家的收入主要是靠各种各样的税收。但是，税收主要是从农民阶层剥削而来，那些贵族与神职人员都不用缴纳。当时的农民阶层已经不受地主的关照，土地官吏使劲地欺压农民，农民只能住在没有遮挡的茅屋草棚里，过着一日不如一日的悲惨生活。如果有一年的收成特别好，那也不过是意味着他们需要上交的税款更加多，他们自己不会留下多一点的粮食。既然这样，他们也就干脆不劳动了，因为结果都是一样的。

所以那时候的法国是这样的一幅画面：国王穷奢极欲地生活着，后面跟着一帮无所作为专门拍马屁的人，所有这些人的生活开支，全都来源于穷苦的农民。另外，当时的中产阶级为了可以获得尊贵的地位，主动与贵族阶层联姻。比如说，如果某个富裕的银行家有个女儿，他可以把她配给某个穷光蛋男爵的儿子。在宫廷中，汇聚了整个法国最会享受的人，他们的艺术流于表面的奢靡与夸张，真正有政治才华的人因为没有舞台，也只好转去研究那些空虚的概念。

最可笑的是，在当时的法国宫廷还发生了非常不可思议的事情：

那些宫廷里的王公贵族逐渐对眼下的生活厌倦了，于是他们就想出了一个法子来改变这种令人困倦的生活，他们号称要追求一种“简单的生活”，所以他们就坐着华丽的马车

到乡下，住进了那些狭窄肮脏的茅草屋中。他们扮成是挤奶的女仆，或者是养马的杂役，要不就装成是一个古希腊时期的牧羊人。宫廷的乐师绞尽脑汁地创作新的曲子，以博得国王的欢心；宫廷里的美发师废寝忘食地发明更多的美丽头饰以献给贵妇人们。但是，即便是这样，没多久，这些宫廷里的人又厌倦了生活。在凡尔赛宫里，人们只能靠讨论一些遥远而不切实际的东西来度日。

所以，在这种生活下，迟早会有人受不了而跳出来批判。伏尔泰就是其中的一个。他集哲学家、剧作家、历史学家与小说家于一身，写下了一部《风俗论》，将矛头对准了当时法国的社会现状，表明反对一切宗教及政治专制的态度。整个法国都因为他而激动起来，因为这是大家等待已久的声音。他创作的戏剧一经面世就受到人们的追捧，人们为了买他的票而熬夜排队。

卢梭则是另外一种风格，他把法国人心中的多愁善感引了出来，为大家描述了一幅清新写意的原始人的生活图，法国人集体沉浸在他的《社会契约论》当中。卢梭喊出“还政于民，君为民仆”的口号，人们听了以后，内心大受触动。

除此之外，孟德斯鸠也丢出了自己的重磅炸弹，他出版了《波斯人信札》。在这部作品中，他塑造了两个波斯旅人，通过这两个旅人的眼睛揭示了当时的法国社会颠倒黑白是非。从国王到六百个宫廷糕点师傅中最下贱的那一个，孟德

斯鸠统统都进行了讽刺。这部作品连续出版了四次，才勉强满足了人们的需求。孟德斯鸠接着又出了一本《论法的精神》，在这部作品中，他虚构了一位男爵，这位男爵将法国的政治制度与英国的政治制度进行了比较，提出行政、立法与司法这三权应该分开，以此来取代法国现行的君主专制。

后来，法国的出版富商布雷东对外宣称他将要邀请杜尔哥、狄德罗等一些杰出的人来编写一部百科全书，这部百科全书将会“包罗所有的新思想、新科学与新知识”。人们对这部百科全书充满了热忱的期待，终于，经过了 22 年，这部百科全书终于面世了，一共有 28 卷。警察似乎是有意拖延干预的时间，等他们真正开始干预的时候，这部百科全书已经风靡全国，读者们对它无比推崇。这部百科全书成为了法国热烈而危险的话题。

亲爱的读者们，你或许曾经阅读过一些关于法国大革命的小说，或者看过一些关于它的电视或者电影，或许因此你对法国大革命有一个误解。你会以为法国大革命全是一帮乌合之众所为。但是这不是事实。法国大革命实质上是由中产阶级发起并领导的，他们不过是利用饥饿的贫苦大众来对抗国王的军队罢了。一开始，法国大革命的基本思想是由几个思想先进而成熟的人提出来，后来这些思想传到了宫廷里，王公贵妇只是把它作为谈论的话题、消遣的手段，根本没有把它放在心上。他们拿舆论的焰火来玩，焰火的星花掉了下

去，落到了怨声载道的民众地下室，然后引起了火灾。民众们大喊大叫，却完全没有引起上层贵族的注意，他们听到了或许也当没有听到，依然只是沉迷在自己的骄奢里。

火势越来越猛，燃烧到了宫廷，最后把整个宫廷都烧光了。好了，下面我们具体来讲讲这次发生在法国的大革命。

法国大革命可以分为两个阶段，第一个阶段是 1789 年到 1791 年，这个时候，人们小心翼翼地尝试着引入君主立宪制，但是最后以失败告终。一是因为国王本人非常愚蠢，并且严重缺乏威信，二是因为人们对局势的发展没有一个很好的预算，导致最后的局面没法收拾。

1792 年到 1799 年是第二个阶段，这个阶段最大的成就是产生了一个民主政府，还产生了一个共和国。后来法国大革命会演变成暴力的冲突，皆因过往长期的混乱与改革多次失败。

法国大革命还没有发生之前，法国已经负债累累，它背负的债务高达 40 亿法郎，国库里已经什么都没有，连糊里糊涂的路易十六也依稀地认识到，要做一点工作了。于是，他委任杜尔哥做政府的首席财政大臣。杜尔哥才 60 岁，是快要灭绝的地主阶层的优秀人才。他在担任外省总督的时候，工作做得十分出色。当他被任命为首席财政大臣的时候，他确实也是尽心尽力想要把工作做好，但是在经济方面他并不是一个专家，他创造奇迹的梦想并没有成真。因为已经不能再从农民身上压榨到更多的税收，杜尔哥不得不向王宫里的贵族和教堂里的神职人员伸手，因此，他成为了王宫里最不受欢迎的人，神职人员也对他怀恨在心。皇后玛丽·安东奈特更是对他的措施百般阻挠，她忍受不了他经常建议她要“节俭”。很快地，杜尔哥就被人起了“空想家”与“纸上谈兵的教授”这样的绰号，他的职位也摇摇欲坠。1776 年，他不得不上交了辞职信。

接管杜尔哥职位的人是一个生意人，他十分务实。这是一个瑞士人，名字叫做内克尔。他本来是做粮食投机生意和创办合资银行的，一路顺风顺水，发家致富。他本来并不想坐这个职位，但是他的妻子对这个职位非常渴望，她认为这个职位能给她的女儿带来尊贵的社会地位，后来她的女儿果然如她所期望的那样嫁给了一个男爵，而且在 19 世纪的初期文学界中享有较高的声誉。

内克尔一上台就对这份工作抱有极大的热情，他全身心投入到工作中，希望自己能有一番作为。1781 年，经过详细的调查与研究以后，他交给国王路易十六一份关于法国财政状况的报告，而这个时候，路易十六为了帮助英国殖民地的新移民反抗英国政府，派出了一支军队去北美。这个天真的国王原先并不知道打仗需要花费很多钱，当他发现的时候，已经没有退路了，所以他要求内克尔马上给他提供大量的资金。谁知道内克尔非但没有提供给他，还给他看一张密

密麻麻的数据表，路易十六根本就无心看，当然了，即使他有心看，估计也是看不懂的。不光如此，内克尔接下来也提出“要节俭”，这下把国王激怒了，1781 年的时候，路易十六认为他是一个无能的财政大臣，把他革职了。

“空想家”和“生意人”相继被赶下台以后，换成了一个八面玲珑的官员。他叫做卡洛纳，这个人爱出风头，虚荣心特别强。他凭借着自己的工厂、不择手段的阴谋还有一点点小运气积攒了很多钱，为自己的官路扫除了一切障碍。他一上台，为了笼络人心，对所有人许下了诺言：只要大家全心全意地相信他，他能让每个人的投资都有百分百的回报率，能让每个人在每个月都拿到投资回报的钱。这下，人们都对他抱有非常大的期待。

但是卡洛纳是怎么做的呢？为了不得罪任何一个人，他居然想出借新债来还旧债这样的方法，他刻意忘记国家还欠着别人 40 亿法郎。按照卡洛纳的方法，法国在不到三年的时间里，又添加了 8 亿法郎的债务。尽管如此，卡洛纳依然没有丝毫的动摇，也没有丝毫的担心，他依然满脸笑容地面对每一个人，对于国王和皇后的每一笔开支，他都毫不犹豫地批准，皇后的挥霍是出了名的，她对这个新的财政大臣非常满意。

但是，连国王最亲近的巴黎议会都看不过去了，因为卡洛纳又在计划着向外再借八千万法郎。刚好那一年，法国又碰上了恶劣的气候，粮食都收不上来，农民破产，这意味着法国也濒临破产。而路易十六世对于这种严酷的困境似乎毫不在意，依然我行我素。有人就提议国王应当召开三级会议，聆听民众的意愿。三级会议自1614年被取消以来，再也没有召开过。支持这项提议的呼声越来越高，但是路易十六却依然优柔寡断，迟迟不肯做决定。后来实在没有办法了，在1787年，他召开了一个贵族阶层的会议，商议应对的措施。但是这个会议不过是在讨论要怎样才能保护贵族和神职人员的免税特权，对于国家的安危死活，他们漠不关心。参加这个会议的127名人士决然不肯放弃之前的任何一项特权。法国民众这个时候想起了内克尔的好，向宫廷提议让他重新担当财政大臣，但是他们得到的答案是：不可能！民众终于愤怒起来，把大街上的店铺窗户都砸碎，显贵人士都被吓跑，而卡洛纳也被去除职务。

红衣主教布里昂纳担任了新的财政大臣，路易十六在民众的威胁下答应尽快召开三级会议，但是他的说辞含糊不清，让人生疑。就在那一年，法国遭遇了一百多年来最寒冷的冬天，田地里的庄稼不是死在地里就是被大洪水冲走，普罗旺斯省的橄榄树全部都死光。虽然有些较有钱的慈善家想要帮助饥饿的农民，但是全国的饥民有1800万，能帮得了几个呢？不多久，全国就爆发了哄抢食物的骚乱。放在以前，这点骚乱会马上被军队压制下去，但是受过新思想熏陶

的法国人民已经认识到枪炮不能改变什么，士兵同样是来自于群众，他们不想成为政权的工具。在这个时候，作为国王的路易十六理应快刀斩乱麻挽回民心，但是他再一次发挥了优柔寡断的特长。

后来骚乱越来越严重，法国的中产阶级向政府发出口号："不给我们代表权我们就不交税！"在这个时候，路易十六终于做出了一个决定，他取消了以严厉著称的出版审查制度。这下，印刷品马上就遍布了全国，两千种小册子被出版，全国上下展开了你批评我我批评你的活动，财政大臣布里昂纳受不了大众的舆论而被迫下台。匆忙间，内克尔被紧急召回，重新担当财政大臣，被命令平息国内的骚乱。因为内克尔德高望重，人民拥护他，他一重新做回财政大臣，法国的股市就上涨了30%，人们因此而暂时放下了对王室的仇恨。

宫廷发表声明说，三级会议将于1789年5月召开，到那时候，整个法国最有才华的人将会相聚在一起，商量重振国家的大计，让法国重新成为一个幸福的天堂。一时之间，法国的民众又重新对宫廷抱有期待。但是事实证明了，这种期待是非常幼稚的。内克尔虽然才华出众，但是他没有把政府的权力紧紧地握在手中，事态一再失控。终于，在法国爆发了一场关于如何改造旧王权制度的争论。专业的煽动家煽动居民起来抗议，居民在鼓动中第一次认识到了自己的力

量，从此以后，他们学会了用非法的手段来实现革命目的。内克尔为了平息农民和中产阶级的不满，同意让他们获得双倍名额的三级会议代表权。

1789 年 5 月 5 日，三级会议召开了，地点在凡尔赛宫。国王路易十六的态度很不友善，神职人员和贵族们也公开宣称他们不会放弃任何一项古老的特权。路易十六命令三个等级分别在三个不同的房间内召开会议，第三等级的代表们对此表示无法服从，于是在 1789 年 6 月 20 日，他们在一个球场上庄严宣誓。他们表示必须要三个等级在一起开会，三级会议才有意义。路易十六面对他们的坚持也不得不让步了。

三级会议最主要是讨论法国的体制问题。会议开到中途，路易十六感到非常厌烦，而且很不满意，他大喊自己宁愿死掉也不会放弃君权，然后就以散心为由出门打猎了。打猎打得很成功，路易十六又欢天喜地回去参加会议，并且把自己的誓言收回去。路易十六就是这样，永远像一个没有长大的孩子，总是在错误的时间里以错误的方式来做一件正确的事情。当人们对他提出要 A 的要求时，他会非常愤怒，最后坚决什么都不给。忍无可忍的人民把皇宫都包围住了，他害怕了，答应给 A，但是这个时候，人民除了 A 还想要 B。路易十六又会犹豫一下，最后答应了要求，想要息事宁人，但是这个时候，人民除了 A 、B，还想要 C，并且态度非常坚决，说如果国王不答应三者都给，他们就要把王族整

个都消灭掉。人民一步步逼近，王宫一步步后退……

有人可能会说，法国王宫最不幸的就是因为有了一个糊涂蛋路易十六，如果不是因为他，王宫不会灭亡。说这样话的人未免把问题看得太简单了。任何历史事件的发生，都不会只是因为一个人。就算路易十六是一个精明能干的人，就算他跟拿破仑一样冷酷无情，单凭他有那样的一个皇后，都足以葬送掉他的江山。他的皇后叫玛丽·安东奈特，是奥地利王太后的女儿。她从小在宫廷中长大，身上具备那时候的贵族少女所具备的所有美德与恶习。

当三级会议威胁王宫的时候，皇后玛丽气不过，她不打算做一个缩头乌龟，策划了一个反革命阴谋。她撤销了内克尔的职位，皇家卫队全部被调集到巴黎。人民听说这些消息以后，愤怒地占领了巴士底狱。这座监狱是君主专制的象征，在很多年以前，它是政治犯的监狱，后来只是关押一些小偷和一些罪名不太大的刑事犯。1789 年 7 月 14 日，人民彻底毁灭了这座监狱，贵族们感到势头不妙，赶紧逃命到国外去，而懵懂的路易十六，却恰恰在这个时候去打猎，他还在为自己能射到几头野鹿而开心得不得了。

国民的会议依然没有一分钟停歇地筹备着，8 月 4 日，国民会议在巴黎群众的呼声中，将王室、贵族还有神职人员的一切特权全部都废除。8 月 27 日，他们发表了《人权宣言》，这是法国第一部宪法的前身。法国的王宫面对这样的

情况还没有彻底地醒悟过来，依然是一副迷迷糊糊的样子。为了防止国王路易十六下令阻止这些改革的措施，10 月 5 日，人民在巴黎发起了第二次暴动。这一次的暴动牵涉到了凡尔赛宫，人民要求路易十六必须搬回巴黎市内的宫殿，不准停留在凡尔赛宫。

这个时候，有一位贵族想要救国王的命，他就是第三等级的首领米拉波。他希望可以通过国民议会来整顿混乱的秩序。但是这位贵族却突然去世了。路易十六到这个时候才开始警觉起来。6 月 21 日，他想要逃命，但是在瓦雷村附近，他的马车被国民自卫军截住了，士兵根据硬币上的头像认出了他，把他押回了巴黎。

后来，普鲁士国王和奥地利皇帝知道他们的亲戚正在危险中后，认为应该采取必要的行动来拯救他。那时候，这两个国家正忙着瓜分波兰，但是他们还是派出了一支军队去巴黎救助路易十六。法国的人民听到这个消息以后很恐慌，同时也很愤怒，他们想起了自己多年来所忍受的饥饿、寒冷等痛苦，这些痛苦转化成了顶级的仇恨，他们对路易十六居住的杜伊勒里宫发起了猛烈的进攻。瑞士卫队非常忠诚，拼死保护他们的国王。可是在这个时候，路易十六又犯浑了，正当人民抵挡不住瑞士卫队的进攻而后退的时候，他却下命令让瑞士卫队停止射击。那些退下去的民众又重新像潮水一样涌上来，把瑞士卫队的士兵统统都杀死，最后抓住了惊慌失

措的路易十六，宣布废除他的王位，把他关在了丹普尔城堡里。

1792 年 9 月 21 日，路易十六以叛国罪接受国民公会的审判，审判结果是罪名成立，最后根据表决结果被判以死刑。值得一提的是，表决的结果是 361 票对 360 票，那决定路易十六命运的一票，来自于他的表兄奥尔良公爵。1793 年 1 月 21 日，路易十六神态平静地走上了断头台，直到这个时候，这位天真的君主也不明白自己为什么会走到这一步。他不明白那些流血和骚乱是因什么而起。直到他的脖子已经放到了断头机上，他还是满腹委屈，他认为自己已经用尽全身心去爱他的子民，而他的子民却要这样对待他。当然了，这位自负的君主是不会在临死前向旁人问询的。

经历了一系列的变动与改革以后，国王的专制制度被彻底摧毁了，但是换成了少数人的暴政。新的统治者打着民主的旗号，坚决不放过任何与他们相悖的人。法国变成了一个新的屠杀场。人与人之间，只有猜疑，每个人都害怕自己被抓走，不安遍布国家的每个角落。几个老国民议会的代表知道自己很快就会成为下一批走上断头台的人，所以他们几个联合起来，先发制人地处死了罗伯斯比尔。这位自称为“唯一真正的民主战士”的人想要自杀，但是没有成功。他被拖上了断头台。

1794年7月27日，恐怖的政治统治终于结束，巴黎的人民仿佛呼吸到了新世界的空气。后来，国家的大权落入到了一个名叫拿破仑的将军手里，在此后十五年的时间里，欧洲大陆成为了他的一块政治实验田地。

历史永远是这么变幻莫测。

第四十四章

拿破仑的故事

1769 年，拿破仑出生，他的父亲叫卡洛·马里亚·波拿巴，是科西嘉岛阿雅克修市里的一个公证员，为人十分老实本分。拿破仑是他和他妻子的第三个儿子。由此看来，拿破仑并不是一个地道的法国公民，而是一个真正的意大利人。他出生在科西嘉岛，这个岛屿在很长时间里一直为重新获取独立而奋战不停。一开始的时候，这个岛屿被热那亚人所占有，到了 18 世纪中期，它又成为了法国的殖民地。

在二十岁之前，拿破仑是一位忠诚的科西嘉爱国者，他最大的心愿就是自己的祖国能从法国人手中独立出来。他十分痛恨法国人。没想到，法国人在后来居然批准了科西嘉人的独立请求，而此时拿破仑已经在布里纳的军事学院接受完

了系统的教育，稀里糊涂地，他居然加入了法国的军队。虽然他在书写法语的时候有很多语法错误，口语里也夹杂着意大利语，但是他的确成为了一名法国公民。那个时候，谁也想不到，若干年后，他会成为法国的最高精神领袖。

拿破仑是那种会把生命活到极致，用尽生命所有的光芒的人。他参加政治与军事的时间前后加起来还不到 20 年，但是在这短短的时间里，他却创下了许多新纪录。他指挥了最多场的战役，获得了最多次的胜利，占有了最辽阔的土地，牺牲了最多人的性命，实施了最多的改革，也最大限度地把欧洲搅得天翻地覆。

拿破仑很矮，相貌平平，早期身体较虚弱，常常生病。因为这副毫不起眼的外表，他在社交场合常常被人嘲笑。他出身不高贵，教养也一般，在一开始的时候只是个穷小子，常常为了能吃饱饭而费尽心思。他在写作方面也没有什么突出的才华，有一次为了奖金而参加里昂学院举办的有奖作文竞赛，虽然他卖力去写了，但是最后在十六个人里面，他排在第十四名。

但是这看起来让人很沮丧的现状丝毫没有影响到拿破仑的信心。他对自己的未来充满了一种狂热的乐观与期待，他知道自己有一天会站在所有人之上。野心驱动着他向前、向前、向前。他是一个非常骄傲与自恋的人，他在每一封信件上都使用自己的首字母“N”，他所建造的宫殿里到处都是

这个字母。他曾经发誓要让自己的名字仅次于上帝。当然，后来，他真的名满天下。

当拿破仑还是一个平凡的陆军中尉的时候，他就沉浸在古希腊历史学家普鲁塔克所著的《名人传》中，他被里面名人的英雄气概感动得热血沸腾。但是对于这些名人们的高贵品德，他却从来没有想过要去学习。他的心仿佛是钢铁做的，人类那些柔软而细腻的情感对于他来说是苍白而无用的。在他的一生里面，除了爱他的母亲，他似乎未曾爱过谁，哦，甚至连他对母亲的爱也是克制有礼的。这或许也只是因为他的母亲莱迪西亚身上有着伟大的母性，在教育方面给过他巨大的影响，从而能获得他的尊重罢了。拿破仑曾一度非常宠爱他的妻子约瑟芬，她非常美丽、温柔，但是当她无法为他生下孩子的时候，他却毫不留情地跟她离婚，并且很快就另娶了奥地利的公主。婚姻对于拿破仑来说，最好就是一场不吃亏的政治交易。

拿破仑是在著名的土伦保卫战中获得胜利从而一举成名的，当时他是用一个炮兵连打败了强大的敌军。在战斗之余，拿破仑非常喜欢阅读马基雅维利的作品。他喜欢研究这位政治作家的政治理念，看得出来，他受到的影响非常巨大。在他从政生涯当中，凡是对他有利的，他趋之如鹜，反之，则立马抛弃。从来，在他的字典里面，就没有“知恩图报”这四个字。当然了，如果他偶尔救了谁的命，他也从来

不期望这个人会报答他，因为他知道他救下这个人是为了自己。人的性命，在他的眼里，只是工具，对他有用就有存在的价值，如果没有用，那么这个人的性命就跟动物的性命一样，极其轻贱。比如在1798年的埃及战役当中，原本他已经答应得好好的，会饶恕俘虏的生命，但是他后来又变卦了，下令把所有的俘虏都杀死。在叙利亚那次，他的船只不够，不能将所有的伤兵都带走，他非常冷静地命人暗中把他们统统毒死。有一次，他看不惯昂西恩公爵，于是他命令一个不公正的法庭判其死刑，非法将其枪杀。那些为了祖国而勇敢战斗的德国战士一到了他的手里，没有一个会因为自己身上崇高的爱国之情而被姑息。

现在，我们偶尔还会听到一个英国的母亲吓唬她的孩子说："如果你还不听话上床睡觉，拿破仑就会来捉你，把你吃了做早餐。"拿破仑的残暴的确是让人十分震惊的。他的脾气很古怪，他对军队所有的方面都非常关怀，唯独不关怀医疗方面。他不喜欢战士们身上那股汗臭味，所以他会在自己的军装上拼命地喷洒科隆香水，香水浓得一般人都会受不了……

如果要细数拿破仑的缺点，我估计再写一本厚厚的书也数不完，但是当我此时此刻坐在书桌前，想起这位已故的大帝时，却不得不承认，心里有另外一种感情在偷偷地滋生。有时候人真的是非常奇怪，嘴上说着这个人的可恨之处，心

里却在怀念这个人的好。人都不是单一性质的人，有时候一个人的魅力能把他的所有缺点都比下去。我书桌旁边的猫正躺在我的书堆里静静地打盹。我的眼睛越过了大街上正在奔驰着的汽车，越过了天空的那一朵白云，到一个遥远的地方。如果在那个地方，我见到了身骑白马、披着甲衣的小个子将军，我想我不会愿意回来，我会丢下我正在写的这本书，丢下我书桌上这只亲爱的猫，丢下我的房子，和我目前生命中所享有的一切欢欣与喜悦，跟随他而去。我爷爷当年就是这么做的，我的爷爷只是一个再平凡、再老实不过的人。无数人的爷爷都是这么做的。这些爷爷们无怨无悔地跟随着小个子男人的脚步，抛妻别子，不求回报，不问未来。有多少个法国人曾经跟着这个莫名其妙的外国佬流血、牺牲，却始终无怨无悔，他们耐心而忠诚地面对着英国人、西班牙人、意大利人、俄国人和奥地利人的炮火，从不后退，虽然他们的首领对他们的流血、残疾完全无动于衷。

为什么一个如此残酷的人却能促成如此强大的凝聚力？在这里，我只能是大胆地作一些推测。拿破仑身上有一种奇特的特质，那就是表演欲，这是一个很有演员天赋的人，他能把所有的人都吸纳到这部戏里去，无论是观众还是他的对手，都被他带进一部战争剧中。他还是一个天生的演说家，无论是在欧洲的哪个角落，他一开口就能击中人的心弦，他从来不会在他的演讲里恳请与道歉，但是他能让所有听到的

人都流下滚烫的泪水。无论是在埃及还是在意大利，无论他是处在顺境还是逆境，他都始终保持着他的尊严与骄傲。

当他遭遇了滑铁卢战败以后，除了少数几个忠诚的朋友，这个世上能再见他一面的人已经没有了。整个欧洲人都知道他被流放到了一个叫做圣赫勒拿的岛上。在那个岛屿上，有一个营的英国警卫队在看守着他，警卫队又被一支英国的舰队保护着，他的一举一动都在士兵的眼皮底下。尽管他这么失败狼狈，但这个世界上的人们却从来没有忘记过他，有时候，人们会突然放下手里的活儿，朝着圣赫勒拿岛的方向张望，若有所失。即使他已经去世，他具有威慑力的眼神仿佛还在扫视这个世界。直到现在，在法国人心中，他依然屹立不倒。因为除了他，还有谁敢把自己的马拴到俄罗斯的皇宫里？除了他，还有谁敢让教皇和皇帝都对他俯首称臣？

为什么在他的前半生总是战无不胜，而在后十年里却是节节败退？因为在 1789 年到 1804 年，拿破仑是法国革命出色的首领，那时候，他并非是为自己的利益而战，他和他的士兵都是为了“自由、平等、博爱”这六个字而战，他和士兵们的心紧紧地团结在一起，人民大众信赖他，所以奥地利、英国、意大利和俄罗斯都被他们打败。但是到了 1804 年的时候，拿破仑自封帝位，并且还要求教皇来为他加冕，实现了他自己内心的皇帝大梦，从这个时候起，他就开始走

下坡路。因为，从此他都是为自己一个人而战了。

拿破仑不再是那些受压迫人民的保护神，反而成为了压迫他们的人，他非常心狠手辣，他的军队永远都在随时待命的状态，凡是不服从他的人，必然都被杀掉。当年，拿破仑把罗马帝国彻底摧毁，古罗马的荣耀彻底被他践踏在脚下。即便是这样，他也未曾引起欧洲人的反对。但是后来，当他的军队挺进了西班牙，并且自封为西班牙的皇帝，还大量屠杀马德里市民时，人们对他起了真正的敌意。拿破仑不再是当年那个为了革命而驰骋沙场的英雄，反而成了重新建立旧制度的历史逆流者。英国人不失时机地在旁边煽风点火，反对他的人就更多了。

在英国人的眼里，拿破仑就是一个喜欢战争的恶魔。1798 年，英国为了破坏拿破仑进攻埃及的计划，封锁了法国的港口，导致拿破仑在取得胜利的同时也不得不撤出埃及。

1805 年，英国人再次抓住了时机，英国的内尔森将军带领部队在西班牙西南岸进攻拿破仑的舰队，把拿破仑的舰队打得落花流水，法国的海军受到了严重的挫伤。如果在这个时候，拿破仑能认识到局势的严峻，接受欧洲列强提出的和平解决方案，或许他还能保住自己欧洲霸主的地位。但是以他自负的性格，这是断然不可能的，他不能忍受有人跟他平分他的江山。他马上开始反攻，将愤怒的矛头指向了俄罗

斯。

俄罗斯在这之前，由一个傻得要死的保罗一世统治，不过他后来表现得越来越傻气，常常有很多出格的举动。他的臣子们为了整个俄罗斯帝国利益着想，就密谋把他杀死了。继承皇位的是保罗的儿子亚历山大。亚历山大对拿破仑十分厌恶，他认为拿破仑是和平的最大破坏者，作为一个教徒，他认为自己有义务把拿破仑除掉。于是他和英国、奥地利、普鲁士结成了同盟联军，对抗拿破仑，但是却以失败告终。他不气馁，接下来又尝试了四五次，但是还是失败。

遭遇了一连串的失败后，亚历山大为了出一口恶气，在一次公开的场合羞辱拿破仑。拿破仑是一个非常爱面子的人，差点被活活气死。于是他发誓一定要打到莫斯科去。他立刻从德国、荷兰、意大利和西班牙等欧洲地区调集了一支军队，命令他们向俄罗斯进攻，但是这支军队并不是十分情愿，因为他们对俄罗斯没有任何的怨恨之情，而且他们也知道他们的出征只是为了拿破仑自己的尊严。经过两个月的跋涉，拿破仑终于带领部队到达了莫斯科，并且将指挥部安置在克里姆林宫里。1812 年 9 月 15 日晚上，莫斯科燃起了大火，大火一直烧了四个白天黑夜。到了第五天的时候，拿破仑不得不下令撤退。十四天以后，天空又下起了白雪，法国的军队在雪地中艰难行军，正在这个时候，俄罗斯抓住时机进大反攻，法军被打得毫无抵抗之力，一直到 12 月中旬，

法军幸存的士兵才在德国东部的城市出现。

然后，欧洲开始出现谣言，人们起义的呼声越来越大，他们不愿意继续在法国的淫威下生活。他们开始搜集武器，准备发起进攻。但是，让他们没有想到的是，拿破仑突然出现在了法国，还带着一支崭新的部队。原来拿破仑再次发扬了逃跑主义，当他的军队在俄罗斯被打败的时候，他就马上丢下了他的士兵，乘坐轻便的雪橇回国了。他紧紧地盯着想要起义的人们，誓死要保护自己的法国领土。

拿破仑的新部队由一大批十六七岁的少年组成，他们有着狂热的激情，但是缺乏作战经验，也缺少军事训练。1813年发生了让人恐惧的莱比锡战役，战役进行了整整三天，法国的孩子们对抗蓝色军服的反法联军，鲜血将埃尔斯特河水都染红了。俄罗斯突然派出了大批人马进行救助，法国的防线终于被突破，拿破仑又一次履行逃跑主义，丢下了那群天真而勇敢的孩子。

拿破仑回到了巴黎，形势所逼，他知道自己要退位才能保存自己的性命了。他决定让位给他的儿子，但是反法联军坚决反对，他们认为路易十六的弟弟才是最佳人选。最后，波旁王子在哥萨克和普鲁士部队的拥护下入住了巴黎。

这个时候的拿破仑沦落为厄尔巴小岛的统治者。这个偏僻的小岛在地中海上，他只有一支童子军的部队。但是，他离开巴黎还不多久，人们就开始怀念他。因为淡去了战争的

烟火，人们逐渐忘记了他的残酷与自私，只记得他曾经为法国带来的荣誉，巴黎是在他的统治下，才成为了世界之都。而正在统治巴黎的路易十八只是一个除了吃喝什么都不懂的胖子，又愚昧、又固执，人们已经受不了他了。

1815 年，拿破仑凭借着强大的意志力卷土重来，突然在戛纳登陆。还不到七天的时间，听闻风声的法国军队就纷纷跑去南方投靠小个子将军，彻底背叛了波旁王朝。3 月 21 日，拿破仑回到了巴黎。这一次，他不敢来硬的，因为估测双方的实力，无疑他毫无胜算。于是他想要求和，这对他来说已经是一个非常大的退让。但是反法盟军却坚决不同意，他们一定要用战争来决定胜负。拿破仑见状立刻往北方进发，他想乘敌人还没有聚集在一起时一一把他们打败。但是，奋战一生的小个子将军也斗不过岁月的无情，他的身体已经大不如前了，他动不动就会生病，一病就要病好久，还有，他曾经忠诚而得力的助手很多都已经去世了，没有什么人能真正帮到他。

拿破仑的部队与惠灵顿指挥的部队在滑铁卢相遇，双方开战。一直到 6 月 18 日星期天的下午两点，拿破仑这一方都处于上风，胜券在握。突然，拿破仑看到东方的地平线上有一股滚滚的烟尘，一开始，他还以为是自己的骑兵来救援，因为按照原来的计划，他是有一支部队在打败英国部队后就理应回来的。但是等到下午四点的时候，探兵才告诉

他，那不是他的部队，而是老布吕歇尔的部队，老布吕歇尔不服气，又赶着自己的部队来战斗了。这完全超出了拿破仑的预料，他的军队一下子就乱了阵脚。他嘱咐士兵们要学会自保，然后自己一溜烟逃跑了。

这个时候离他从厄尔巴岛出来刚好是100天，他想要从海上逃去美国，因为曾经在1805年时，他为了一首歌把一块法国的殖民地卖给了年轻的美国，所以他认为美国会念这份旧情而收留他，这样他的晚年也不至于过得太悲惨。但是英国派舰队封锁了所有的法国港口，后有追兵，前面却又出不去，拿破仑进退维艰。他冷静下来仔细分析，认为普鲁士人会一把枪把他枪毙，而英国可能会留他一命。在滑铁卢战役结束的一个月后，法国给拿破仑发出了一道命令，叫他在一天之内必须离开法国。他没有办法，只好给英国的统治者写信，希望英国能给他一个容身的角落，他将听从英国的一切安排。

6月15日，英国派来了一艘战舰“贝勒罗丰”号来救援拿破仑，拿破仑按照誓言，把自己佩戴了一生的剑交给了霍特海姆海军上将，然后被带往到生命最后的收容地——圣赫勒拿岛。在那个岛屿上，他度过了生命最后的七年时间。在这段最后的日子里，有时候他在写自己的回忆录，有时候在和看守人员吵架，他常常沉浸在回忆中而不能自拔。这个时候，他回想最多的，是他人生初期，为了“自由、平等、

博爱”而奋战的日子，那段时间，是他政治生涯中最纯洁无瑕的时期。他常常回想起自己成为军事总司令披着甲衣的样子。他不大想提及他成为大帝的那些时光。当然，他也会想念他的儿子“小鹰”——雷希施塔特公爵，他曾经两次想让位给他，让他来继承他的大业。他或许不知道，那个时候的“小鹰”正居住在维也纳的亲戚家中，受尽亲戚的欺辱，曾经那些亲戚听到他父亲的名字都会吓得连气都不敢喘，而如今，他的父亲却成为他被人取笑与欺负的理由。

拿破仑直到临终前还在想着要卷土重来，想着要带着自己的部队夺回曾经的一切。他对一生都在追随他的将军内伊下了一道命令，命令他率领部队冲回巴黎。这是他最后的一道命令，随后他就闭上了疲倦而不甘的眼睛。

亲爱的读者，当拿破仑的故事讲到这里的时候，我有一些想法想要与你分享。拿破仑这一生是跌宕起伏的一生，是广受争议的一生，无论是过去、现在还是未来，关于他的传说、他的争论都不会停止。如果你想更接近事实地了解拿破仑，请你放下手中各式各样的关于他的传记，因为那些传记的作者并不能保持一个十分客观的角度来描写他这一生。我也是这样。有时候我怕自己过于崇拜他而忽略了他身上的那些阴暗，虽然我已经努力在反省与克制。亲爱的读者，你要知道，书籍可以提供给人很多的史实，可是比起没有生命的真相，有时候，你更需要去“感觉历史的心跳”。你听过

《两个掷弹兵》这首歌曲吗？它由德国的大诗人海涅作词，德国大音乐家舒曼作曲，海涅与拿破仑是同时代的人，而舒曼的岳父是一名法国的贵族，所以舒曼曾经多次近距离接触过拿破仑。

这两位词曲作者都是德国人，他们最有理由去憎恨这位暴君。去听听吧，去听听那种自然流露的东西，去听听那是爱还是恨，抑或是两者都有。

在没有聆听这首曲子之前，你就不要去看任何关于拿破仑的传记了。

第四十五章

神圣同盟

拿破仑被送走以后，欧洲人民大大地松了一口气。他们唯一的心愿就是能过上一种平静安宁的生活。他们有了自治的权力，但是很快他们就发现，虽然他们可以自己选举市长、市议员和法官，但是因为新的领导者没有一点点领导的经验，生活又非常腐败，人们的生活依然一团糟。于是，人们恳请旧制度的代表们，请求旧制度的人回来继续统治他们，唯一的要求是不要再折腾他们。

维也纳会议上的代表们深谙人们的心理，在他们的操控下，警察成为了国家体制中最重要的力量，如果有谁敢对国家政策提出什么批评建议，那么这个人就要被处以最严重的惩罚。

欧洲终于在经历了多年的喧哗与动荡以后安静下来，但是实在太安静了，就像一座坟墓一样。

维也纳会议其实是由三个人把持，他们分别是俄国的亚历山大沙皇、奥地利的首相梅特涅，以及前奥顿地区主教塔列朗。塔列朗代表的是法国政府，他想要挽救自己的祖国。塔列朗完全是凭借自己那颗聪明而狡猾的脑袋才非常幸运地在法国多次的危机中生存下来。参加维也纳会议，他遭受了很多人的白眼与取笑，但是他完全没有放在心上，他装作是一个什么都不懂的小丑，请代表们吃饭，并为他们讲笑话，以博得大家的好感。

当然，塔列朗很快就看出盟国已经站成了两个对立的阵营：一边是俄国和普鲁士，另一边是奥地利和英国。塔列朗巧妙地玩弄计谋，挑拨这两派之间的关系，让他们最终完全没有和解的可能。在他的努力下，法国人民才没有像欧洲其他国家一样被奥地利政府压迫。接着，他又在维也纳会议上慷慨陈词，说法国人当时的选择也是无可奈何，所有的一切都是拿破仑造成的。他恳请欧洲的其他国家能给法国的国王一次机会，盟国们觉得这对他们没有什么影响，或许有一位合法的国王管制法国更好，免得法国人又造什么是非，于是爽快地成全了法国。只是那个波旁王朝并没有好好珍惜塔列朗的争取，不到十六年就破灭了。

维也纳会议的第二位重要人物是奥地利的首相梅特涅。

梅特涅出身大地主阶层，腰缠万贯，一表人才，才华出众，精明强干。他良好的出身也让他缺少接触底层人民的机会，对于老百姓的艰难酸楚，他并不懂得。他对于老百姓与国民自卫军之间真挚的感情也一无所知。大革命的一切，在他看来都是罪恶无比的。他认为革命非常野蛮，他曾经在斯特拉斯堡大学度过他美好的青年时代，在他的概念里，战斗应该是青年们穿着精致的制服，骑着健壮的白马，拿着锋利闪亮的白剑，在绿油油的田野上进行的打斗。而法国大革命却把整个国家的土地变得一团糟，很多流浪汉居然成为了将军，这难道不是对战斗的羞辱吗？

这位高贵而英俊的首相常常在晚宴上对法国的外交官诸多挑衅："你们就会喊要什么自由平等博爱，结果只是喊来了拿破仑，喊来了羞辱。胡思乱想害人不浅！"梅特涅认为，旧制是正确的，革命是错误的，所以他的一生都用在恢复与维护旧制上，但是 1848 年的欧洲革命摧毁了他一生的努力与成就，他最后成为了整个欧洲最痛恨的人，差点就被愤怒的人们烧死。但是直到临死前，他依然骄傲地认为自己的选择没有任何过错。当然，客观地说，他对于整个世界的和平作出了非常巨大的贡献，因为他，欧洲的列强们有 40 年的时间没有动武，这是非常难得的。

维也纳会议最后一位重要的人物是俄罗斯的亚历山大沙皇。他被他的祖母凯瑟琳女皇抚养长大。这位精明而睿智的

女皇对于他的教育煞费心机。从小，他就被祖母教育：俄罗斯帝国的荣誉高于一切。亚历山大有一位瑞士的老师，这位老师曾经是伏尔泰和卢梭热烈崇拜的对象，他在亚历山大的脑子里种植下了人文主义思想。所以，在这种教育背景下，亚历山大长成一个很自相矛盾的人：一方面，他有旧制的自私自利；另一方面，他有革命家的多愁善感。当愚蠢的保罗一世统治俄国的时候，亚历山大亲眼目睹了自己的国家所忍受的屈辱，他亲眼看到拿破仑是怎样屠杀他的国民，所以等到他做上沙皇的时候，他所有的遗憾都得到了弥补，他率领部队反败为胜，盟军也是因为有了俄罗斯军队的支撑，才能获得最后的胜利。所以亚历山大被当做是欧洲的救世主。

但是亚历山大对人性缺乏深刻的认识，在这一点上他远远比不上塔列朗和梅特涅。在外交上，他不够圆滑精明，喜欢别人的夸奖，而且分辨不出真假。梅特涅、塔列朗等在表面上对他非常客气有礼，但是背后把他当成是一个傻瓜，实质性的工作从来不跟他商量。后来当他提出神圣同盟计划时，获得梅特涅们的一致赞同，也不过是因为他们想让他有事可做，免得妨碍他们的事务罢了。

亚历山大看上去非常开朗，热衷于参加各种各样的宴会，他常常在人群中哈哈大笑，但是他的内心却并不如他表面上那么快乐。他的内心住着一个巨大的阴影。他还记得他的父亲是怎么去世的。1801 年 3 月 23 日，亚历山大被通知他的父亲即将退位，他被安排在圣彼得堡等待登位。但是保罗一世迟迟不肯签署退位的文书，几个官员喝了点酒壮胆，一气之下就用围巾把保罗一世勒死了。虽然亚历山大曾经受过父亲的羞辱，虽然他也不是那么爱他的父亲，但是那毕竟是他的父亲啊。从那以后，他的内心充满了一份浓烈的恐惧，他常常为此做噩梦。

他的老师曾经教他法国哲学，教育他值得信赖的是人的理性，而不是所谓的上帝。亚历山大也试图用理性来去除心中的那份恐惧，理性地说服自己那都不是他的错，而且这一切不会再次发生。但是他发现理性毫无用处，他依然每天都在半夜中惊醒。他在惊醒的时候，欲哭无泪。他处在一个孤独的困境中，他开始出现幻听和幻视。他迫切地需要找到一条道路，让自己走出这种心灵的困境。于是，他很自然地对神秘主义产生了兴趣，开始沉迷于一些神秘的未解之谜中，后来还对占卜算命产生了浓厚的兴趣。

1814 年，民间疯传一个女先知，说她能预测未来，她对民众说世界末日将要来临，呼吁人们应当及时醒悟。这位所谓的女先知其实是一位男爵夫人，这位男爵曾经是保罗沙皇时代的一位外交官。关于这位女先知的年龄和声誉，民间有多种版本。传说最多的是这个版本：她生性虚荣，把她丈夫所有的财富都挥霍殆尽，还搞出一串桃色事件，让她的丈夫尊严扫地。她的丈夫忍无可忍将她赶出了家门。她无所依

靠，心理崩溃，精神有些失常。后来，她至亲的一位朋友突然去世，她发现人生就是一场虚无，于是皈依了宗教，与过去糜烂的生活彻底告别。在接下来的十年里，这位男爵夫人都生活在德国，她每天所做的事情就是劝说那些贵族要信仰宗教。在那个时候，她心里只有一个最伟大的理想，那就是感化亚历山大皇帝，让他认识到自己所犯下的一切过错。

正好亚历山大听说了她，希望通过她来摆脱内心的困苦，所以安排了与她的会面。1815 年 6 月 4 日，这位男爵夫人带着一副悲天悯人的表情进入了沙皇的住所。士兵回忆说，当他带她进去的时候，他看到亚历山大正在专心致志地阅读《圣经》。后来房间里就只剩下亚历山大和男爵夫人，没有人知道这两个人到底谈了些什么，人们只知道他们的谈话进行了三个多小时，当男爵夫人离开的时候，人们看到房间里的亚历山大已经跪倒在地上，哭成个泪人。他喃喃自语：“我的灵魂终于归于安宁。”

对于男爵夫人来说，那天是非常值得纪念的一天，因为她完成了自己的最高理想，也是从那天开始，她可以常伴亚历山大左右，成为他最亲密的伴侣和灵魂的导师。

有些读者可能会非常疑惑，怎么说着说着，说起了这段皇宫秘史呢。虽然一个女巫的重要性比不上那些恢弘的社会变革，但是如果我们想触碰到历史的心跳，有时候就需要从一些小事上去体会历史，真正理解历史为什么会这样发生。

当你了解这些的时候，你才能明白了解历史的意义，你才能从历史当中了解幸福地生活着的生活态度与方式。

好了，现在我们从正面来讲述神圣同盟。

神圣同盟是由两个人缔造而成，一个是心灵历经沧桑，只想求得心灵安宁的亚历山大沙皇；另外一个则是他的所谓的灵魂导师，她实质上是一个冒充新版弥赛亚的阴险女人，她归根到底依然是想要满足自己的虚荣心。当时很多人已经看穿这位男爵夫人愚蠢的把戏，比如梅特涅和塔列朗这些精明的人，但是他们不在沙皇面前揭穿她。因为他们知道，沙皇很需要通过她来自欺欺人，这样他才能暂时治愈自己的心灵，他们不愿意得罪沙皇。

沙皇在神圣同盟的签署仪式上宣读初稿《人类皆兄弟》，很明显，他是以《圣经》为基础来拟写这份初稿的。仪式上的很多国家都认为这份初稿只是一页废纸，完全没有当真，但是在那个时候，迫于沙皇的势力，他们不得不装出一副洗耳恭听的样子。他们共同起誓："在管理国内事务和处理外交关系的时候，应以神圣的宗教使命，即基督的公正、仁慈、和平为唯一指导原则。这不仅适应于个人，也应对各国的议会产生直接的影响，并作为加强人类制度、改进人类缺陷的唯一途径，体现在政府行动的各个环节中。"句子读得很流畅，但是是否是真心就需要仔细辨别了。

奥地利皇帝其实一个字都没有理解，但是他还是在誓约

上签了字，法国的皇帝也签了字，普鲁士的国王也照样签了字，还有很多欧洲的小国家都纷纷签了字，他们都不敢得罪沙皇。但是英国人没有买沙皇的账，因为卡斯尔雷认为这份神圣同盟的契约就是在胡说八道。教皇也没有在上面签字，因为让一个俄罗斯的正教教徒和一群新教徒来约束他怎么做事，还不如干脆要他的命。除此之外，土耳其的苏丹国王也没有签字，因为他根本就不知道发生过这样一件事。

欧洲的老百姓本来以为这个神圣同盟跟他们一点关系都没有，但是很快地，他们就发现必须要面对它的存在，因为在这个神圣同盟背后，梅特涅已经纠集起五个国家的盟军。这些盟军严肃地告诉全世界的人，任何自由主义者都不要企图破坏欧洲的和平，所有的革命活动都应该停止。人们一听，心里非常高兴。因为那时候，人们是非常渴望和平的。但是很快，欧洲人们就发现自己被骗了，神圣同盟所宣称给他们的和平根本不是那么一回事。他们敢怒不敢言，因为害怕被警察听到，抓他们进监狱。

策划神圣同盟的人，出发点或许是善意的，但是表现出来的是恶意。这份恶意不但给欧洲人民带来了非常沉重的痛苦，而且阻碍了政治改革的进度。

第四十六章

民族独立

19 世纪，独立战争的星星之火在各地点燃。

让人意想不到的是，民族独立的火焰是从南美洲最先燃起的，因为它远离多事的欧洲。拿破仑战争时期，西班牙连自己都顾不上，更加不会管南美大陆上的西属殖民地，所以西属殖民地上的人们享受了一段自由而独立的时光。唯一受到法国大革命伤害的南美殖民地是海地，读者们对于这个地方应该不会感到陌生，它就是哥伦布大发现的第一站。1791 年，法国突然宣布给予海地人民白人所有的一切权利。但是很快地，法国人就后悔了，说要收回这个承诺。海地人民不服，他们的黑人领袖杜桑维尔率领部队与拿破仑的军队进行对抗，战争进行了很多年。1801 年，法国说要跟海地进行

和谈，承诺不会趁和谈的机会加害杜桑维尔。杜桑维尔信以为真，起身去和谈，但是他有去无回，被强制带上了法国的军舰，后来进了法国的监狱，然后就死在了里面。但是，法国的阴谋没有得逞，海地最后还是取得了民族独立，建立了共和国。

海地人民在争取民族独立的过程中，无意中帮助了一位南美的爱国者，他就是西蒙·玻利瓦尔，是他把自己的祖国委内瑞拉从西班牙的统治中解救出来。玻利瓦尔在法国大革命期间，去了巴黎，在那里，他目睹了革命政府的一切残暴行为，然后他去美国生活了一段时间。当他回到自己的祖国时，国内正掀起反抗母国西班牙的反对风潮。1811 年，委内瑞拉宣称民族独立，脱离西班牙的统治，玻利瓦尔是当时的一个革命将领，但是，委内瑞拉的民族起义坚持不到两个月就失败了。玻利瓦尔只能从家乡逃跑。

逃跑以后，玻利瓦尔依然没有放弃自己的革命目标，他将自己所有的家产都贡献给了革命事业，幸亏有海地总统的支持，他的最后一次远征才取得了胜利。委内瑞拉到最后终于取得民族独立，它的革命烈火很快就燃烧到了整个南美大陆。

西班牙殖民者对此感到非常恐慌，无法应对，于是向它的神圣同盟求救。英国人看到这个情势，非常焦虑，他们不希望神圣同盟参与进来，因为英国那时候正在准备着向南美洲的独立国家牟取暴利。他们希望美国能阻止神圣同盟的行动，但是美国最后的决定是不阻止，并且态度非常强硬，这激怒了英国。后来，英国的媒体发表了“门罗主义”的全文，传达了政府的意思，强迫神圣同盟的成员国要在帮助西班牙还是得罪美国之间作出一个选择。

奥地利首相梅特涅犹豫了，他倒是不怕得罪美国，因为美国那时候的军事力量还非常弱小，但是英国强硬的口气还有欧洲自身的麻烦都让他必须要谨慎做决定。最后，他搁置了出兵的计划。于是，南美和墨西哥很快就赢得了民族独立。

民族独立的风潮很快就传到了俄罗斯。亚历山大沙皇去世，俄罗斯发生了著名的“十二月党人起义”。顾名思义，这场起义发生在 12 月。起义的原因是俄罗斯的大批民众无法再忍受亚历山大晚年残暴而腐朽的统治，他们希望在俄罗斯的领土上建立一个立宪制政府。但是这次起义最终失败，俄罗斯的爱国人士被绞死。

1821 年，希腊也发生了骚乱。其实在 1815 年的时候希腊国内就诞生了一个秘密的爱国团队，他们一直在准备起义。在 1821 年，他们突然宣布独立，把当地的土耳其军队赶了出去。土耳其人为了报复，抓了君士坦丁堡的希腊大主教，并且在这一年的复活节把他绞死，同时被绞死的还有多位东正教的主教。希腊人更加愤怒了，他们又展开了对土耳

其的报复，屠杀了大量的穆斯林教徒。土耳其见此，丝毫不退让，反过来又报复希腊，他们干脆袭击了开俄斯岛，杀死了 25000 名东正教教徒，并且把 45000 人卖去亚洲和埃及人当奴隶。

希腊人不得不向神圣同盟寻求帮助，但是奥地利首相梅特涅却不同意派兵出救，认为希腊人是活该，他下令将通往希腊的边境关闭，严禁国内任何人去救助希腊人。希腊人陷入了绝望之中。而土耳其在这个时候却从埃及搬到了救兵，于是，土耳其的国旗又重新飘荡在希腊的土地上。从此，埃及人就充当希腊的“和平警察”角色，梅特涅在暗中观察时势，希望希腊这次能自己平息暴乱。

但是英国人打乱了梅特涅的计划。英格兰人无论做什么事情都非常有底气，在建立神圣同盟的时候，他们就有底气不签名。他们的底气不是他们辽阔的国土，不是他们大量的财富，甚至也不是他们那震惊天下的海军，而是他们身上流淌着的英雄主义情结和独立的意志。英格兰人认为，文明社会与野蛮社会的根本区别在于文明社会里的人懂得尊重别人的权利，任何人都没有权利干涉别人的思想，那是一个人的基本自由。如果他们的政府在某件事情上面处理不当，他们就会站出来，大声指出来。只要是他们认为的正义事业，无论这项事业离他们有多远，也无论形势有多么恶劣，他们当中总会有一部分人去参与到这项事业中。当然，英格兰人骨子里都更加渴望过一种平淡安宁的生活，对于别人的事情不想多管，但是他们执著地佩服那些为了正义去帮助别人的人，如果这些人不幸战死在别人的战场上，他们也会为这些人举行盛大的葬礼。他们会世代传颂这些人的正义精神。

神圣同盟的人对于英格兰人的这种正义精神感到无计可施。1824 年，一个英俊的英国富家孩子开着自己的帆船独自一人去帮助希腊人民，他就是诗人拜伦勋爵。三个月后，一个让人悲痛的消息传回了英国，他们的诗人战死在希腊最后一块阵地迈索隆吉上。不光是英国人，还有整个欧洲人都被这位孤胆英雄的死而深深震撼了。欧洲人民的良心终于在悲痛中苏醒过来，很多个欧洲国家成立了帮助希腊人的团队。美国的老革命家拉斐特也为希腊人的独立奔走起来，巴伐利亚国王直接向希腊派出了上千名官兵去救助他们。一时之间，大量的资金财富和资源补给源源不断地运到了迈索隆吉，希腊人民终于在坚持中等来了曙光。

英国那时候的首相是乔治·坎宁，当年就是他阻止了神圣同盟干涉南美的民族独立，这一次，他仍然要打击梅特涅。英国国内支援希腊民族独立的呼声热烈，他呼应民声，早已派出了军舰，跟俄罗斯的舰队一起在地中海等候命令。法国人的舰队也出现在了希腊海域。1827 年 10 月 20 日，英、法、俄三个国家的舰队联合起来向土耳其的军队开火，彻底摧毁了土耳其的舰队。希腊人民终于获得了向往已久的

民族独立。整个欧洲的人民都为希腊的胜利而欢呼雀跃，这是从来没有过的事情。

当时法国的统治者波旁王朝也激起了法国人民的憎恨。因为这个王朝完全不顾及人民的权益，也完全不遵守国家的各项法律法规，它只会动用一切手段来伤害大革命的一切成果。1824 年，路易十八去世，人们心里暗喜，因为在他的统治下，人们的生活只享有表面的和平，实则痛苦不堪。但是，法国人民没有想到，他们终于等到路易十八去世了，却迎来了查理十世。

查理十世年纪轻轻就已经欠下了五千万法郎的债务，他没有见过残酷的革命运动，经历里面没有任何深刻的教训。他一上台就建立了一个全为教士服务的政府，遭到了多人的反对。为了打压这些反对声，他干涉那些敢于批评政府的报纸，并且解散了力撑新闻界的国会。这些举动只是将他推到了王位的尽头。

1830 年 7 月 27 日的晚上，巴黎发生了一场轰动整个法国的革命。三天以后，查理十世逃到沿海，坐船去了英国避难。这就是著名的“十五年闹剧”。统治法国多年的波旁王朝彻底消失在法国的政坛。

暴动开始越过法国的边境。维也纳会议强令荷兰和比利时合并成一个新的国家。但是荷兰人和比利时人之间没有什么相似之处，所以硬凑在一起的新国家新尼德兰王国有着非

常大的隐患。虽然它的国王是奥兰治的威廉，威廉善于经商并且认真打理国家事务，但是他不够圆滑，也没有一颗世故之心，所以他无法让两个本来就互相仇恨的民族和平共处，矛盾此起彼伏。刚好在这个时候，有一大帮天主教徒从法国涌进比利时，威廉信仰新教，他想做点什么来缓解宗教的冲突，但是人们固执地认为他只是想要恢复天主教的自由。8月25日，在布鲁塞尔爆发动了反对荷兰政府的暴动，60天以后，比利时宣布其正式独立。从此，比利时与荷兰就分开了。分开以后，这两个国家和平相处，关系好了很多。

意大利同样经历了许多事情。拿破仑的前妻玛丽·路易丝（她在滑铁卢失败以后就离开了拿破仑）被她的大臣们赶了出来，她的大臣想要建立一个共和国。但是奥地利的梅特涅首相很快就派兵占领了罗马城。共和国没有建成，一切又回到最初。同盟军的“警察”又重新上岗，继续以“和平”为借口统治着欧洲人民。直到18年以后，人们发动了一场更加彻底的革命，才把欧洲从维也纳会议中真正解救出来。

法国人对于革命有着狂热的激情，不多久，法国人再次起义。继承查理十世王位的是路易·菲利普，菲利普的父亲是奥尔良公爵，当初就是他投了关键一票，才把他的表弟路易十六送上了断头台。菲利普因为父亲的关系，从小就四处流浪，他曾经有一段时间在瑞士做老师，后来去美国游历两年，直到拿破仑下台以后，他才回到巴黎。相对于他那些愚

昧无知的波旁表兄们来说，他是一个聪明人。为了塑造亲民的形象，他经常在腋下夹着一把雨伞，带着他的孩子们到巴黎公园散步，就向天下所有平常的父亲一样。但是，这种亲民的形象并不能为他挽留他的王位，因为谁也阻挡不住历史的脚步，法国已经不再需要国王。1848 年 2 月 24 日，一大批法国人民冲进了杜伊勒里宫，把菲利普赶下了台，宣布法国为共和国国体。

很快，巴黎再度起义的消息传到了维也纳，梅特涅知道以后依然毫不在意，他一相情愿地认为，只要他派出的军队到巴黎，这场什么民主起义就会跟以前一样草草收场。但是让他没有想到的是，还不到 14 天的时间，他的故乡居然也爆发了起义！梅特涅见势不妙，赶紧从皇宫的后门溜走，丢下皇帝费迪南应付一切。费迪南没有办法，按照人民的要求通过了一部宪法，这部宪法的内容全是这二三十年蓬勃生长的革命思想。

这下，整个欧洲都感觉到了革命的力量。1848 年，德国人民爆发了一场全国性的游行示威活动，人民要求政治统一，并且应当建立起代议制政府。巴伐利亚的国王因为长年沉浸在与一位爱尔兰女人的爱情当中无法自拔，不理朝政，被一群忍无可忍的大学生赶下了台。而普鲁士的国王，被强迫站在巷战中牺牲的人面前，向全国人民发誓要组建一个立宪制政府。1849 年 3 月，弗雷德西 · 威廉被推举为统一的

德意志帝国的皇帝。

但是革命活动并不是这么顺利的，历史的脚步是曲折向前的。奥地利无能的皇帝费迪南让位给他的侄子约瑟夫。哈布斯堡家族好像有九条命一样，再次拥有了被夺走的东西。他们再次掌控了东西欧的形势，并且利用了德国各地区之间的猜忌与矛盾耍了各种计谋，让普鲁士国王做不了帝国的皇帝。哈布斯堡家族在多次的失败中终于学会了忍耐和克制，他们知道要等待机会。那些登上了政治舞台的自由主义者还不是很习惯成功，他们放松了警惕，开始夸夸自谈，沉浸在自己的成就当中，奥地利人趁机调兵遣将，突然发起了袭击。法兰克福议会被解散。旧日耳曼联邦在奥地利的支持下重新统治了国家。

在前面我们讲到，法国把菲利普赶下了台，成立了共和国。但是好景不长，这个共和国政府就在 1852 年 10 月垮台了。荷兰前任国王路易斯 · 波拿巴的儿子，也就是拿破仑的侄子登上了复辟王朝的国王，成为拿破仑三世。

拿破仑三世是受着德国教育长大的年轻人，他的法语中带有浓重的条顿腔，所以听起来有很重的乡音。这一点倒是和他的叔叔很像。他想来想去，最终决定利用叔叔的名望来提升自己的权威。但是因为之前树立的敌人比较多，所以他对于自己能否顺利登基信心不大。因为在欧洲的所有君主里，他只获得了英国维多利亚女王的支持，其他国家的君主

都打心眼里看不起他。所以他只能讨好维多利亚女王。他抓住了维多利亚女王爱慕虚荣的弱点，还算是比较顺利就稳固了她的好感。

讨好了维多利亚女王以后，拿破仑三世认为自己必须要提高自己的地位。刚好那时候俄国正在进攻土耳其，所以拿破仑三世就跟英国联手用苏丹的名义发动了一场战争，这就是著名的克里米亚战争。拿破仑三世的这次冒险收益甚微，俄国、英国、法国都没有占到什么好处，反而成就了别人的好事。

在德国，它的问题依然没有得到什么改变，似乎这个国家是整个欧洲最苦命、最曲折的国家。1848 年革命失败，导致大量优秀的德国人出逃到海外，国内来了一些乌合之众。在德国的北部有两个公国，一个是石勒苏益格，一个是荷尔施泰因，这两个公国从中世纪开始就是有名的是非之地，他们的居民由丹麦人和德国人组成，这两个地区一直都由丹麦国王掌管，但是却不归属于丹麦的领土。这种离奇古怪的情况引出了很多矛盾。荷尔施泰因的德国人对当地的丹麦人十分看不顺眼，经常羞辱他们，而石勒苏益格的丹麦人则坚持自己的丹麦传统。纠纷越来越大，引起了欧洲的注意。当人们还没有把情况弄得十分清楚的时候，普鲁士就已经派兵去“收复国土”了。奥地利断然是不允许普鲁士在这等大事上单独行动的，所以奥地利也派了军队和普鲁士军队一起侵犯这两个地区。丹麦人顽强抵抗，但因实力过于悬殊，最后还是失败了。

普鲁士的野心家俾斯麦故意挑起普鲁士与奥地利的争执，奥地利中了俾斯麦的圈套，俾斯麦马上派兵攻打波希米亚。不到四十天的时间，奥地利军队就全军覆没了。这下，普鲁士人可以自己指挥维也纳了。除此之外，普鲁士一口气吞并了那些帮助过奥地利的德意志小国家们。德意志北部的大部分地区建立了一个新的联盟，也就是北日耳曼联盟。普鲁士人成为了德意志民族的实质首领。

拿破仑三世眼见北日耳曼联盟实力日盛一日，内心十分恐慌，认为照这样下去，它迟早会成为法国强大而危险的对手。所以拿破仑三世决定对德国发起战争，但是他需要出师有名，刚好西班牙给了他一个充分的理由。

那时候，西班牙的皇位刚好出现了空缺，他们本来想找一个信奉天主教的霍亨索伦家族成员来做他们的皇帝，但是法国坚决反对，霍亨索伦家族只好礼貌地谢绝了西班牙的好意。正在这个时候，拿破仑三世开始生病，他漂亮的妻子欧仁妮·德·蒙蒂约占有了他大部分的权力。欧仁妮的爸爸是西班牙人，她的爷爷是驻马拉加的一位美国领事。虽然她天生聪明，但是却没有受过像样的教育，这都是因为在西班牙的传统里，女子不应受教育。她被一帮憎恨普鲁士新教的人蛊惑，在这帮人的怂恿下，她向她的丈夫提议要勇敢，这样

才能体现出威严。拿破仑三世这个时候病得糊里糊涂的，再加上他本来就对自己的军队盲目相信，所以听从了妻子的建议，马上给普鲁士国王写信，要求其必须保证不能让霍亨索伦家族的人竞选西班牙的王位。而霍亨索伦家族在这之前就已经摆明了自己的态度，表示愿意放弃这个荣誉，法国人再强调一遍实在是多余。俾斯麦也是这么回应法国政府的。但是拿破仑三世昏了头，固执地认为这还不够。

1870年，德国的威廉国王与法国的一位外交官见面。威廉国王此时正在度假，心情十分愉悦。他温和地对这位法国的外交官说："你瞧，今天的天气真好，西班牙的问题已经解决了，就不要再讨论这个问题了。"普鲁士的俾斯麦得到这个消息，对它进行了"编辑"，当这则经过"编辑"的消息以新闻报道的形式传回德国的时候，德国人民全都觉得他们最敬爱的国王受到了那位法国外交官的欺辱，他们凭什么?！而法国人也难以抑制内心的狂怒，他们最称职的外交官居然被一个普鲁士下民赶走了，他们有什么了不起?！

于是，毫无悬念地，法国和德国打了起来。拿破仑三世的军队，包括他自己在内，都被德国人打败，被他们俘虏。法国的第二帝国就这样垮掉了。接管国家的是法国第三共和国，他们为了抵御德国的侵犯而做着准备。巴黎保卫战进行了整整五个月，在巴黎沦陷前十天，德国的凡尔赛宫就先沦陷了，普鲁士国王正式登上了德意志的王位。

鹬蚌相争，渔翁得利。

到 1871 年，也就是距离著名的维也纳会议召开 50 年后，维也纳会议所建立起来的一切政治工程全部都被摧毁。梅特涅、塔列朗和亚历山大的出发点或许是好的，想让整个欧洲都享有太平盛世。但是他们的实施方式却带给欧洲人民更多的战争。

而它后来所导致的过度的民族主义时代，一直到今天还在延续。

最后的一些话

在领导法国大革命的人当中，有一个极为纯粹的人，他叫做德·孔多塞侯爵。他宽容爱人，慈悲勇敢，为了人类的事业奉献了自己的一生，但是最后却被一群无知的乡民害死。后人难免会问，他会不会后悔自己毕生的追求？他会不会在临死的时候有所怨恨？

在这本书就快要结束的时候，我想抄录他曾经写下的一段话，这段话发生在一百三十年前，但是今天读来，里面每个字的力量依然力透纸背：

自然赋予了我们无限的希望。人类已经挣脱了枷锁，正坚定地走在通往真理、美德和幸福的大道上。虽然各种错误、罪恶和不公正正在折磨和玷污着这个世界，但光明的前

景理应让哲学家们感到非常宽慰。

我们身处的这个时代，仍然有许多困扰着我们的问题，我们仍然需要面对伤痛与难过，但是，对于明天，我们应该像孔多塞那样充满希望。历史总会碰到自己的难题，解决这些难题从来就没有简单易行的办法，每一代人所面临的抉择都是一样的：要么重新奋斗，要么就像史前动物一样因为懒惰而被自然淘汰。

亲爱的读者，一旦你有了这份领悟，一种更新、更宽广的人生视野就将展现在你的面前。

在我还很小的时候，我的舅舅曾经带我作过一次难以忘怀的探险，我们要攀登圣劳伦斯教堂的塔顶。我们一层一层地攀登上去，每一层所给予我们的感受都不一样，第一层让我们感受到黑暗，第二层也是，第三层仍然是……后来，渐渐地，有了一些光亮，再后来是一个灿烂宽广的世界。

我们登上了塔顶。

我的眼前出现了很多古老的遗迹，我的舅舅一一为我讲解，在每一处遗迹后面，原来都有很多故事。我第一次感觉到，历史离我并不遥远，它像空气一样包围着我们、守护着我们。

历史给予我们很多勇气。

历史就像一座经验之塔，时光的建筑师把它建在岁月的土地上。

这本书作为一根打开塔顶之门的钥匙到了你的手里。现在你已经掌握了它。

时光匆匆，生活百态，请不要忘记塔顶的景色。

亨德里克·威廉·房龙
1921年6月26日
于纽约巴罗街8号

名师导读

一、名著概览

亨德里克·威廉·房龙（1882—1944），美国人，荷兰后裔，作家，历史地理学家，擅长绘画；曾经就读于康奈尔大学和慕尼黑大学。代表作品有《人类的故事》、《圣经的故事》、《宽容》等。1921年出版的《人类的故事》让他一举成名。他在普及历史文明方面有非常突出的贡献。

《人类的故事》是一部形式清新的西方文明发展史书，针对青少年儿童而写。它从地球上的时间开始写起，描写了人类的始祖，讲述了文字的来源与发展，对西方宗教信仰的源头有最深的挖掘。此外，对于西方的历史大事件有精彩的讲解，语言简单而幽默，一改历史古板沉闷的面貌，让人在

轻松惬意间领悟到历史的厚重。作家对历史上的诸多问题有自己独特的见解，特别对于历史人物的点评，更是让人印象深刻。

本书在美国一经出版就引起了轰动，曾经获得儿童文学奖“纽伯瑞奖”，也曾经被当做美国中学的历史教材。读过这本历史书的人，都对它爱不释手。

二、填空题

1. 生命最先是从大海出现。

2. 埃及人最早的文字是象形文字。

3. 戏剧首先是在古希腊出现的。

4. 马其顿的亚历山大大帝的老师是全希腊最有智慧的人，他的名字叫做亚里士多德。

5. 穆罕默德是沙漠上阿拉伯人的先知，他创立了伊斯兰教，伊斯兰教的教徒就叫做穆斯林。

6. 文艺复兴时期，但丁写下了一部巨作，叫做《神曲》。

7. 十六世纪的人们去探险大海的时候，海员一般由被判了重刑的犯罪分子、前途无望的年轻人以及一些犯盗窃罪的小偷组成。

8. 传说中，印度的佛陀是在一棵菩提树下顿悟的。

9. 在 1776 年 7 月 4 日，大陆会议郑重发表了《独立宣言》。这个宣言由托马斯·杰弗逊起草。

10. 在法国大革命中，伏尔泰写下了一部《风俗论》，将矛头对准了当时法国的社会现状，表明反对一切宗教及政治专制的态度。

三、我问你答

1. 请简述牛津大学的由来。

2. 在你的心目中，拿破仑是一个什么样的人？

3. 有人说我们中国人严重缺乏信仰，在西方国家，几乎人人都有宗教信仰。你如何看待宗教信仰？

4. 读完这本书以后，你认为历史进步的驱动力是什么？